Business-Guide Türkei

Business-Guide Türkei

Erfolg und Rechtssicherheit bei Markteinstieg und Geschäftsaufbau

von Sergey Frank, Serhat Kutlan und Martin Woletz

unter Mitarbeit von Frank Kaiser, Ekkehard Redlhammer, Hannelore Struger-Waniek und Refik Türkoglu

sowie Ludwig Schulz vom NUMOV e.V.

Bundesanzeiger Verlag

NUMOV
NAH- UND MITTELOST-VEREIN E.V.
GERMAN NEAR AND MIDDLE EAST ASSOCIATION

Bibliografische Information der Deutschen Nationalbibliothek
Die Deutsche Nationalbibliothek verzeichnet diese Publikation in der Deutschen Nationalbibliografie; detaillierte bibliografische Daten sind im Internet über http://dnb.d-nb.de abrufbar.

Bundesanzeiger Verlag GmbH
Amsterdamer Straße 192
50735 Köln
Internet: www.bundesanzeiger-verlag.de

Weitere Informationen finden Sie auch in unserem Themenportal unter
www.aw-portal.de

Beratung und Bestellung:
Gerburg Brandt, Isa Güleryüz
Tel.: +49 221 97668-173/-357
Fax: +49 221 97668-232
E-Mail: aussenwirtschaft@bundesanzeiger.de

ISBN (Print): 978-3-8462-0214-2
ISBN (E-Book): 978-3-8462-0215-9

Produktmanagement: Carina Brachter
Lektorat: Annett Mohnert
Herstellung: Günter Fabritius
Coverbild: Chef/Fotolia.com und RicoK/Shotshop.com
Satz: starke + partner, Willich
Druck und buchbinderische Verarbeitung: Appel & Klinger, Druck und Medien GmbH, Schneckenlohe

Printed in Germany

Geleitwort

Sehr geehrte Leserin, sehr geehrter Leser,

am 29.10.2013, dem 90. Gründungstag der Türkischen Republik, erlebte die Welt ein historisches Ereignis: Zum ersten Mal in der Geschichte fuhr unter dem Bosporus, der Meerenge, die das Mittelmeer und das Schwarze Meer verbindet und der türkischen Metropole Istanbul ihren unverwechselbaren Charakter gibt, ein Zug der Istanbuler Verkehrsbetriebe durch eine neu gebaute Röhre und brachte Stadtbewohner in wenigen Minuten von Europa nach Asien und zurück. Die Verwirklichung dieses Menschheitstraums, einer unterirdischen Verbindung zwischen den beiden Kontinenten, die dadurch näher rücken, wurde in der Türkei und weltweit gefeiert.

Die Idee eines Eisenbahntunnels stammte aus dem Jahr 1860. Doch die Untertunnelung der tiefen Meeresenge mit ihren wechselnden, starken Strömungen war damals nicht möglich. Mit dem Bau der Bahnstrecken für den Orient-Express und der Bagdad-Bahn schrieben deutsche Ingenieure damals mit am ersten Kapitel der modernen Geschichte deutsch-türkischer Wirtschaftskooperationen, doch das Herzstück dieses „Megaprojekts", die Verbindung unter dem Bosporus, musste noch 150 Jahre auf seine Realisierung warten. Eindrucksvolle Zeugen dieser „Gründerzeit" stehen heute noch an den Ufern des Bosporus: Der Kopfbahnhof Sirkeci in der Istanbuler Altstadt auf der europäischen Seite und sein Pendant Haydarpaşa in Asien symbolisieren mit der Eröffnung der neuen, unterirdischen Schienenverbindung nun zwar die alte Zeit der Trennung der beiden Kontinente, doch im 19. Jahrhundert entworfen und errichtet von deutschen Architekten und Ingenieuren stehen sie gleichermaßen für die seit dieser Zeit anhaltende enge Partnerschaft zwischen deutscher Ingenieurskunst und türkischem Modernisierungsdrang.

Die Türkei hat sich in den vergangenen Jahren zum attraktivsten Wirtschaftsstandort in der Region des östlichen Mittelmeers entwickelt. Dieser Erfolg ist v. a. den mehr als 75 Mio. Menschen dieses einzigartigen Landes zu verdanken: Die Türkei bildet so einen riesigen Binnenmarkt mit großem Potenzial in Konsum und für Investitionen in unmittelbarer Nähe zu uns in Mitteleuropa. Der hohe Bildungsstandard, die große Leistungsbereitschaft und der Fleiß der Erwerbstätigen in Industrie und Dienstleistung sowie das investitionsfreundliche Klima, maßgeblich geprägt durch die berühmte türkische Gastfreundlichkeit, bilden die menschliche Grundlage für den Erfolg der vergangenen Jahrzehnte, in denen die Türkei zur Gruppe der 20 führenden Volkswirtschaften der Welt aufgestiegen ist.

Dieser Aufstieg zeigt sich eindrucksvoll in wenigen Zahlen: der Verdreifachung des Bruttoinlandsprodukts innerhalb von nur zehn Jahren, jährlichen Wachstumsraten in der Wirtschaft von bis zu 9 %, einer Arbeitslosigkeit von konstant unter 10 % und einer stabilen Inflation von unter 5 % jährlich. Vorbei sind die Zeiten einer labilen Wirtschaft, wie etwa noch 2001, als das Land kurz vor dem Staatsbankrott stand. Mit internationaler Hilfe und der Bereitschaft zu einschneidenden Reformen erreichte das Land die Trendwende und vollzog einen Aufstieg, der seinesgleichen sucht. Maßgeblich dazu beigetragen hat die wirtschaftsfreundliche Politik der Regierung, die seit 2002 tief greifende Reformen im Einklang mit den Vorgaben der Europäischen Union für Beitrittskandidaten verabschiedete. Trotz des umfassenden, schnellen Wandels von Staat und Gesellschaft sowie damit einhergehender, vorübergehender Konflikte garantiert die Regierung die gerade für Investitionen nötige Stabilität und präsentiert sich als visionäre, mobilisierende Kraft, die das Land bis zum 100-jährigen Jubiläum der Republik im Jahr 2023 im Kreis der weltweiten Spitzenökonomien etablieren will.

Mittlerweile ist der erfolgreiche Wandel im ganzen Land – von der Ägäisküste über Zentralanatolien bis in den kurdisch geprägten Osten – offensichtlich geworden. Aus Provinzorten sind pulsierende Städte mit ausgezeichneter Infrastruktur für die wachsende Zahl an mittelständischen Betrieben geworden, die sich in Innovationszentren zusammenfinden und von staatlicher Förderung profitieren. Wirtschaftsverbände bieten Plattformen für Wissen und Information und vermitteln Geschäftsmöglichkeiten über ein wachsendes Netz nationaler und internationaler Kontakte. Auf einer Vielzahl an Messen präsentieren sich qualitätsorientierte Produzenten und kundenfreundliche Händler aller Branchen und vernetzen sich mit dem internationalen Wirtschaftspublikum. In allen Branchen – vom Bau-, Transport- und Energiewesen über den Umwelt-, Gesundheits- und Sozialsektor bis hin zu Finanzdienstleistungen und Tourismus – bestehen viel versprechende Potenziale, um noch Großes zu entwickeln, Innovationen voranzutreiben und Kooperationen auszubauen.

Vor allem stehen die „Big Three", die Hauptstadt Ankara, die Küstenstadt Izmir und natürlich die Metropole Istanbul, für den Boom der Türkei. Während sich Ankara zu einer großen, lebensfreundlichen Zentrale des politischen Entscheidungsprozesses entwickelte und Izmir seine Rolle als internationales Handelszentrum mit seiner Bewerbung um die EXPO 2020 bekräftigen wollte (und knapp an Dubai scheiterte), ist Istanbul zur unbestrittenen Metropole mit weltweit ausstrahlendem Image aufgestiegen. Nicht nur zieht die Stadt mit ihrer einzigartigen Lage und ihrer jahrtausendealten Geschichte jährlich Millionen Touristen aus aller Welt an und wurde zu einem Wirtschafts- und Finanzplatz mit internationaler Spitzengeltung. Auch ist sie Standort Tausender Firmenniederlassungen und Schauplatz der größten Infrastrukturprojekte des Landes geworden – von den genannten Verkehrsprojekten Marmaray und Eurasia, an denen die Herrenknecht AG beteiligt ist, über den geplanten Großflughafen für 150 Mio. Passagiere bis hin zur Vision eines „zweiten Bosporus", eines Kanals zwischen Marmara- und Schwarzem Meer parallel zur natürlichen Meerenge, an dem ein zweites, modernes Istanbul entstehen soll. Momentan bauen wir mit unserer Technik den Straßentunnel unter dem Bosporus – eine herausfordernde Aufgabe.

Darüber hinaus ist die Türkei aufgrund ihrer geografischen Lage ein wichtiges Drehkreuz von Menschen und Waren, Ideen und Kapital geworden – von Europa in den Nahen und Mittleren Osten und in die Gegenrichtung. Die Bedeutung der Türkei als Energielieferant für Europa, mittels der großen Erdöl- und Erdgaspipelines aus Russland, Aserbaidschan, Iran und dem Irak, kommt darin ebenso zum Ausdruck wie umgekehrt ihre Rolle als Produktionsstandort für Waren und Dienstleistungen mit europäischen Qualitätsstandards, mit denen die nahe gelegenen Märkte des Nahen und Mittleren Ostens versorgt werden. Bei alldem ist die Türkei als sowohl europäisch-westliches wie auch als islamisch-orientalisches Land eine Brücke, auf der der Austausch der Kulturen tagtäglich stattfindet.

Die vertrauensvolle wirtschaftliche Partnerschaft zwischen Deutschland und der Türkei findet seit der Zeit des Traums eines Eisenbahntunnels unter dem Bosporus heute seine Fortsetzung in einer Vielzahl anderer Projekte. 5.000 deutsche Unternehmen aller Branchen haben in den letzten Jahren Niederlassungen in der Türkei eröffnet und es werden ständig mehr. Deutschland ist einer der führenden Partner der Türkei, wenn es um Investitionen, Handel und kooperative Projektumsetzung geht. Nicht von ungefähr begehen Deutschland und die Türkei 2014 ein gemeinsames Jahr der Wissenschaft, um den Austausch von Innovation und Kreativität zwischen beiden Ländern zu fördern. Umgekehrt sind über 80.000 türkische Firmen und Geschäfte in Deutschland aktiv, beschäftigen mehr als 420.000 Mitarbeiter und setzen dabei jährlich mehr als 40 Mrd. € um. Die Ära der türkischen Gastarbeiter, die das deutsche Wirtschaftswunder nach dem Krieg mitbegründeten, und einer deutschen Entwicklungshilfe für das ferne Anatolien ist längst in eine Zeit intensiven Austauschs übergegangen, in der Deutschland und die Türkei in gegenseitigem Respekt und vertrauensvollem Umgang an einer gemeinsamen Zukunft bauen.

Die Herrenknecht AG ist stolz, aktiv daran teilhaben zu können. Zusammen mit ihren türkischen und weiteren internationalen Partnern leistet sie u. a. mit ihren Bohrsystemen für Schienen- und Straßentunnel einen Beitrag zum erfolgreichen Verkehrsmanagement in einer der größten Städte Europas. Doch ist dieses Engagement selbst nur eine Masche von vielen weiteren im engen und vertrauensvollen Netz der deutsch-türkischen Wirtschaftsbeziehungen, an dem auch der Nah- und Mittelost-Verein in den 80 Jahren seines Bestehens erfolgreich geknüpft hat.

Für Ihre Geschäftstätigkeiten mit türkischen Partnern, wofür Ihnen dieses Handbuch eine informative und wertvolle Stütze sein soll, wünsche ich Ihnen viel Erfolg!

Schwanau, im Juni 2014

Dr.-Ing. E. h. Martin Herrenknecht

Vorstandsvorsitzender der Herrenknecht AG und

stellvertretender Vorsitzender des Nah- und Mittelost-Vereins (NUMOV)

Vorwort

Die vorliegende Veröffentlichung soll einen Überblick über folgende wesentliche Thematiken rund um das Investitionsland Türkei geben:

- Geschäftsgründung und Geschäftspraxis in der Türkei
- Markteintrittsstrategien für Unternehmen
- Aufbau von Vertriebskooperationen und Bonitätsprüfung
- Gründung von Tochtergesellschaften, Finanzierung, Vertragsrecht, Arbeitsrecht und Forderungsdurchsetzung
- Informationen für Geschäftsreisende, Geschäftskultur und Werte sowie Spielregeln für das Geschäftsleben
- Besteuerung der Unternehmen v. a. im Hinblick auf Einkommens-, Körperschafts- und Umsatzsteuer in der Türkei

Alle Beiträge verfolgen das Ziel, den Interessenten und Lesern eine kompakte Darstellung aller Schlüsselthemen zur erfolgreichen Geschäftsentwicklung in der Türkei zu liefern. Um dieses Ziel zu erreichen, wurden Beiträge von Fachleuten aus Finanz-, Steuer- und Rechtswesen herangezogen. Diese präsentieren als kompetente Beratung für Unternehmensgründung, Geschäfts- und Personalführung in diesem Sammelband ihr Insider-Wissen sowie ihre langjährige Praxiserfahrung in den zahlreichen Spezialgebieten.

Die Türkei ist aktuell einer der Wachstumsmärkte weltweit. Bis 2018 soll ein Wirtschaftsprogramm umgesetzt werden, das die Türkei unter die Top-10-Volkswirtschaften der Welt bringt. Durch die wirtschaftspolitischen Reformen der türkischen Regierung wird die Türkei als Wirtschaftsstandort auch für ausländische Unternehmen immer attraktiver und bietet vielfältige Geschäfts- und Investitionsmöglichkeiten.

Beim Neueintritt in den türkischen Markt treten jedoch viele Fragen und Fallstricke auf. Der Business-Guide Türkei bietet umfangreiche Informationen zu Geschäftspraxis, Gesellschaftsgründung und Vertriebsorganisation für Unternehmen, die sich in der Türkei positionieren wollen.

An dieser Stelle ist auch anzumerken, dass die Türkei sich im Hinblick auf das Steuer- und Handelsrecht, aber auch in anderen Bereichen in einer Umbruchphase befindet. Die Anpassung an europäische Standards spielt dabei eine wesentliche Rolle.

Neben diesen makroökonomischen und juristischen Annäherungen an die Europäische Union hat die Türkei bereits unter Atatürk, aber v. a. auch in den letzten Jahren einen unglaublichen Fortschritt in Sachen Industrialisierung gemacht. Unternehmer aus Westeuropa, insbesondere auch aus deutschsprachigen Ländern, reisen immer häufiger in das Land, in dem wirtschaftlicher Fortschritt und kulturelle Tradition nah beieinanderliegen.

Als Geschäftsleute sind Sie in der Türkei sehr angesehen. Wesentlich für deren und Ihren Geschäftserfolg ist es, neben anderen Aspekten das Land und seine Kultur wertzuschätzen und in Verhandlungen einerseits deutsche Primärtugenden einzusetzen und andererseits gelassen und mit Humor an die Sache heranzugehen. Wie Sie darüber hinaus den nachhaltigen Erfolg Ihrer Geschäfte am Bosporus gewährleisten, erfahren Sie in diesem Buch.

Serhat Kutlan und Sergey Frank

Istanbul und Leipzig, im Juni 2014

Inhaltsverzeichnis

Die Autoren

Sergey Frank

Sergey Frank ist Inhaber der Internationalisierungsberatung Sergey Frank International mit Schwerpunkt auf Mittel- und Osteuropa einschließlich der Türkei und der Volksrepublik China. Er blickt auf eine 20-jährige Beratungspraxis im Auslandsgeschäft sowie einschlägige Industrieerfahrungen zurück.

Der ausgewiesene und langjährige Kenner des türkischen Marktes war zuvor elf Jahre als Director International für die Kienbaum Executive Consultants GmbH tätig, wo er u. a. das Büro in Moskau leitete. Davor arbeitete Sergey Frank als Executive Director weltweit für die Continental AG und die Pipetronix GmbH, eine Tochtergesellschaft der Preussag AG. Schwerpunkte seiner Arbeit waren internationale Organisations- und Vertriebsprojekte sowie Unternehmensanalysen und Business Development.

Er ist Autor der 2009 und 2010 erschienenen Serie im Handelsblatt Online zum Thema „Deutschland – Weltspitze", die als Basis für das 2010 im Haufe Verlag publizierte Buch „Weltspitze – Erfolgs-Know-how für internationale Geschäfte" diente. Darüber hinaus war er Koautor des „Investmentguide Russland", welcher 2009 im Schäffer-Poeschel-Verlag erschien und 2013 im OWC-Verlag als „Business Guide Russland" neu aufgelegt wurde. Daneben ist er Koautor des „Business-Guide China", der 2013 im Bundesanzeiger Verlag erschien.

Neben seiner Tätigkeit in der internationalen Personal- und Distributionsberatung referiert Sergey Frank in praxisorientierten Seminaren und auf Kongressen regelmäßig auf Deutsch, Englisch und Russisch zu Themen wie Vertrieb im Ausland, internationale Personalrekrutierung und interkulturelle Kommunikation.

E-Mail: sergey.frank@sergey-frank.com
Web: www.sergey-frank.com

Frank Kaiser

Frank Kaiser ist stellvertretender Geschäftsführer und Leiter der Abteilung Markterkundung/Markterschließung der Deutsch-Türkischen Industrie- und Handelskammer in Istanbul (AHK Türkei). Herr Kaiser berät sowohl türkische als auch deutsche Unternehmen bei ihrem Markteintritt und Geschäftsaufbau. Als Repräsentant des Freistaates Bayern in der Türkei vertritt er die wirtschaftlichen Interessen bayerischer Unternehmen und unterstützt türkische Unternehmen bei ihren Investitionsvorhaben.

Herr Kaiser hat in Bielefeld und Bordeaux Rechtswissenschaften studiert und an der Koç-Universität in Istanbul einen Executive MBA erworben. Zuvor hat er über fünf Jahre bei der IHK zu Düsseldorf als Referent für Außenwirtschaft und internationale Rechtsfragen Unternehmen bei ihren Marktstrategien in den Regionen Amerika, Asien und Afrika beraten. Während dieser Zeit hat er die AHK-Länderdesks Indien, Japan und Korea aufgebaut und geleitet.

Frank Kaiser hält regelmäßig Vorträge in Deutschland und der Türkei über die wirtschaftlichen Rahmenbedingungen und Markteintrittsstrategien in Deutschland und der Türkei. Herr Kaiser spricht Deutsch, Englisch, Französisch und Türkisch.

Als offizielle Repräsentanz der deutschen Wirtschaft im Gastland vertritt die AHK die Interessen der deutschen Unternehmen und unterstützt sie beim Geschäftsaufbau in der Türkei. Über 800 Unternehmen sind Mitglied bei der AHK Türkei.

E-Mail: frank.kaiser@dtr-ihk.de
Web: www.dtr-ihk.de

Serhat Kutlan

Mag. Dr. o. Prof. Serhat Kutlan wurde nach seiner Dissertation an der Wirtschaftsuniversität Wien Professor für Rechnungswesen an der Marmara-Universität Istanbul, Abteilung für deutschsprachige BWL. Er ist Autor zahlreicher Publikationen für Steuern und Finanzen in der Türkei in Form von Büchern, Beiträgen in Fachzeitschriften und Reportagen in Hörfunk und Fernsehen.

Serhat Kutlan hält regelmäßig Vorträge auf Konferenzen und leitet Seminare zu steuer- und handelsrechtlichen Aspekten in der Türkei. Er spricht neben seiner Muttersprache Türkisch auch fließend Deutsch und Englisch.

Seit 1991 ist Herr Kutlan Partner der Wirtschaftsprüfer- und Steuerberaterkanzlei Kutlan & Partners in Istanbul. Als Wirtschaftsprüfer betreut er mit seinem mehrsprachigen Team eine Vielzahl von Unternehmen in der Türkei, die v. a. aus dem deutsch- und englischsprachigen Raum kommen.

Die Steuer- und Wirtschaftsberatungskanzlei Kutlan & Partners ist seit 2003 auch Mitglied bei der Geneva Group International, einem internationalen Netzwerk für Rechtsanwälte, Steuerberater und Wirtschaftsprüfer. Die Geschäftsbereiche der Kanzlei sind hauptsächlich Wirtschaftsprüfung, Steuer- und Unternehmensberatung, Due Diligence und Treuhandwesen.

E-Mail: skutlan@kutlanpartners.com
Web: www.kutlanpartner.com

Ekkehard Redlhammer

Dr. Mag. Ekkehard Redlhammer verfügt über mehr als 20 Jahre Berufserfahrung als Berater und Trainer und ist geschäftsführender Gesellschafter von DYNAXITY Consulting, einem auf Strategie- und internationale Marktentwicklung spezialisierten Beratungsunternehmen.

Er studierte Betriebswirtschaftslehre (Marketing, Organisation, Finanzierung) an der Johannes Kepler Universität Linz und dissertierte auf dem Gebiet des Komplexitätsmanagements (Chaostheorie, Wissenschaftstheorie und Wissensmanagement). Seine Beratungsschwerpunkte liegen in den Bereichen Strategieentwicklung, New Business Development, Marketing/Vertrieb, CRM, Organisationsentwicklung, Innovations-/Wissensmanagement und Internationalisierung.

Ekkehard Redlhammer verfügt über langjährige internationale Projekterfahrung und gründete die Business-Plattformen FRANCE CONTACT und ASIA-EUROPE BUSINESS ALLIANCE. Er ist zertifizierter INCITE-Berater für Export/Internationalisierung der Wirtschaftskammer Österreich und Vortragender an österreichischen Universitäten und Fachhochschulen.

Im Jahr 2007 wurde er zum Honorarkonsul der Republik Frankreich ernannt und 2012 vom französischen Staatspräsidenten mit den Insignien eines Ritters des französischen Nationalordens für besondere Verdienste (*Ordre national du Mérite*) ausgezeichnet. Im Jahr 2013 erhielt er mit DYNAXITY Consulting den *Consulting Award* der Wirtschaftskammer Oberösterreich.

E-Mail: redlhammer@dynaxity.at
Web: www.dynaxity.at
Xing: www.xing.com/profile/Ekkehard_Redlhammer
LinkedIn: www.linkedin.com/pub/ekkehard-redlhammer/9/927/904

Ludwig Schulz

Ludwig Schulz, M. A., ist Länderreferent und Projektmanager des Nah- und Mittelost-Vereins (NUMOV) sowie Leiter des NUMOV-Büros München. Nach dem Studium der Politikwissenschaft, Orientalistik und Turkologie sowie des Europarechts in München und Istanbul forscht er zur türkischen Außen- und Wirtschaftspolitik. Bei NUMOV betreut er die Projekttätigkeiten (Konferenzen, Seminare, Delegationsreisen, Publikationen) zur Türkei sowie zu anderen Ländern der Region. NUMOV unterstützt die wirtschaftlichen Beziehungen Deutschlands mit den Ländern des Nahen und Mittleren Ostens seit 80 Jahren.

E-Mail: numov@numov.de
Web: www.numov.de

Hannelore Struger-Waniek

Mag. Hannelore Struger-Waniek ist Betriebswirtin. Sie studierte an der Wirtschaftsuniversität Wien (WU), Österreich, und hat nach dreijähriger Berufserfahrung in Wien insgesamt 15 Jahre im Ausland gelebt und gearbeitet. Neben ihren Tätigkeiten in Peking und Berlin war sie insgesamt über acht Jahre in Istanbul beruflich engagiert; davon drei Jahre für die Istanbuler Niederlassung der Westdeutschen Landesbank. Bis Ende 2009 fungierte sie als Partnerin einer renommierten internationalen Unternehmensberatung in Istanbul.

Seit Anfang 2010 ist sie als Unternehmensberaterin in Österreich tätig und berät Unternehmen bei ihrem Markteintritt bzw. Geschäftstätigkeiten in der Türkei. Hannelore Struger-Waniek ist ausgewiesene Expertin für Wirtschafts-, steuerrechtliche und Investitionsthemen. Sie ist Präsidentin des WU-Alumni-Clubs in Istanbul und verfügt über ein ausgezeichnetes Netzwerk in der Türkei.

Hannelore Struger-Waniek ist überdies Referentin der ARS – Akademie für Recht, Steuern und Wirtschaft – in Wien, Österreich, und eingetragene Mediatorin.

E-Mail: hannelore.struger@struger-consult.eu

Refik N. Türkoglu

Rechtsanwalt Refik N. Türkoglu machte 1978 seinen Abschluss an der juristischen Fakultät der Universität Istanbul. Seit 1979 in der Anwaltskammer Istanbul, seit 1982 Vertrauensanwalt des deutschen Generalkonsulats Istanbul gründete er 1986 die Kanzlei Refik N. Türkoglu & Partner. 1996 erhielt er das Verdienstkreuz der Bundesrepublik Deutschland. Herr Türkoglu ist Vorstand bzw. Vorstandsmitglied in einigen deutschen, Schweizer und österreichischen Tochtergesellschaften in der Türkei, Vorstandsmitglied der Deutsch-Türkischen Industrie- und Handelskammer in Istanbul, der Bildungs- und Kulturstiftung des deutschsprachigen Istanbul-Erkek-Gymnasiums, des deutsches Anwaltvereins Türkei (DAV-Türkei) sowie Gründungsmitglied der Kulturstiftung der Deutsch-Türkischen Wirtschaft, Prüfer der deutsch-türkischen Juristenvereinigung und Gründungs-Vorstandsmitglied der Stiftung der Türkischen-Deutschen Universität. Seine Korrespondenzsprachen sind Türkisch, Deutsch und Englisch.

E-Mail: refik.turkoglu@turkoglulaw.com
Web: www.turkoglulaw.com

Martin Woletz

Martin Woletz, ausgebildeter Tourismuskaufmann, Unternehmens- und Prozessberater, ist seit 1988 selbstständig oder für verschiedene Firmen im Verkauf und Export tätig. Er hat Anfang der 90er-Jahre die Woletz Tourismusberatung gegründet, Verkaufsseminare für Tourismusexperten an der Universität Klagenfurt durchgeführt und eine Vielzahl von touristischen Unternehmen in Österreich, Tschechien, Ungarn und Slowenien beraten. 2001 erfolgte der Wechsel in die Privatwirtschaft, wo er in verschiedenen Funktionen für den Aufbau von Geschäftsfeldern sowie die Planung und Umsetzung von Vertriebsstrategien zuständig war. Ab 2006 baute er Märkte in Russland, der Ukraine und den baltischen Staaten, Polen, Bulgarien, Rumänien und der Türkei auf und verbrachte regelmäßig Zeit in den Ländern. Seit 2009 beschäftigt er sich mit seinem Unternehmen E.SALES intensiv mit dem Vertrieb über Social-Media-Kanäle sowie dem Management von Informationen und startete mit einem Kunden einen erfolgreichen Online-Shop für österreichische Produkte. Für die Umsetzung von „The Austrian Shop" wurde er von der Wirtschaftskammer Oberösterreich ausgezeichnet. Neben Fachliteratur schreibt Martin Woletz auch Kindergeschichten („Die Bachlberger").

E-Mail: office.e.sales@gmail.com
Web: www.the-austrian-shop.at

Abkürzungsverzeichnis

Abkürzung	ausgeschrieben, türkischer oder fremdsprachlicher Ausdruck	ausgeschrieben, deutsche Entsprechung
€		Euro
A.S.	Anonim Şirket	Aktiengesellschaft
Abb.		Abbildung
Abs.		Absatz
AG		Aktiengesellschaft
AG-Anteil		Arbeitgeberanteil
AHK		Auslandshandelskammer
AKP	Adalet ve Kalkınma Partisi	Partei für Gerechtigkeit und Entwicklung
AN-Anteil		Arbeitnehmeranteil
Art.		Artikel
ATM	Automatic Teller Machine	Geldausgabeautomat
AWO		Außenwirtschaftsstelle der Wirtschaftskammer Österreich
B2C	Business to Consumer	Geschäfte mit Privatkunden
BIP		Bruttoinlandsprodukt
BSEC	Organization of the Black Sea Economic Cooperation	Organisation für wirtschaftliche Zusammenarbeit im Schwarzmeerraum
bzgl.		bezüglich
bzw.		beziehungsweise
ca.		circa
ccm		Kubikzentimeter
CCTS	Cooperation Council of Turkic-Speaking States	Kooperationsrat der turksprachigen Staaten
CEO	Corporate Executive Officer	Vorstandsvorsitzender
COMCEC	Committee for Economic and Trade Cooperation	Ausschuss für wirtschaftliche und Handelszusammenarbeit
d. h.		das heißt
D8	Developing eight Countries	Gruppe der acht Entwicklungsländer
DACH		Deutschland, Österreich und Schweiz

Abkürzung	ausgeschrieben, türkischer oder fremdsprachlicher Ausdruck	ausgeschrieben, deutsche Entsprechung
DBA		Doppelbesteuerungsabkommen
ECO	Economic Cooperation Organization	Organisation für wirtschaftliche Zusammenarbeit
ESt.		Einkommenssteuer
EStG		Einkommenssteuergesetz
etc.		et cetera
EU		Europäische Union
EUR		Euro
evtl.		eventuell
EWG		Europäische Wirtschaftsgemeinschaft
F+E		Forschung und Entwicklung
FAQ	Frequently Asked Questions	häufig gestellte Fragen
FHZ		Freihandelszone
G20		Gruppe der 20 wichtigsten Industrie- und Schwellenländer
GCC	Gulf Cooperation Council	Golfkooperationsrat
ggf.		gegebenenfalls
GmbH		Gesellschaft mit beschränkter Haftung
grds.		grundsätzlich
GSM	Global System for Mobile Communications	Standard für volldigitale Mobilfunknetze
HCV	Heavy Commercial Vehicle	schwere Nutzfahrzeuge
HQ	Headquarter	Hauptquartier
Hz		Hertz
i. d. R.		in der Regel
IHK		Industrie- und Handelskammer
Inc.	Incorporated, Abkürzung für Incorporation	Zusatz für eine Gesellschaft
inkl.		inklusive
ISPAT		Wirtschafts- und Investitionsförderungsagentur Türkei
IT		Informationstechnologie
Kfz		Kraftfahrzeug

Abkürzung	ausgeschrieben, türkischer oder fremdsprachlicher Ausdruck	ausgeschrieben, deutsche Entsprechung
KMU		kleine und mittelständische Unternehmen
KÖSt.		Körperschaftssteuer
LCV	Light Commercial Vehicles	leichte Nutzfahrzeuge
Lkw		Lastkraftwagen
lt.		laut
L.u.L.		Lieferungen und Leistungen
MAIB	Makine Tanıtım Grubu, Machinery & Accessories Export Union	Türkischer Verband der Maschinen- und Zubehörexporteure
MIB	Makina Imalatcilari Birliği	Türkischer Verband der Maschinen- und Zubehörexporteure
Mio.		Million
Mrd.		Milliarde
MTG	Makine Tanıtım Grubu	Promotionsgruppe Maschinen
MÜSIAD		Verein unabhängiger Industrieller und Unternehmer
NFZ		Nutzfahrzeug
Nr.		Nummer
OAS	Organization of American States	Organisation Amerikanischer Staaten
ODD	Otomotiv Distribütörleri Derneği	Verband der Automobildistributoren
OECD	Organisation for Economic Co-operation and Development	Organisation für wirtschaftliche Zusammenarbeit und Entwicklung
OEM	Original Equipment Manufacturer	Erstausrüster
OETK	Otomotiv Endüstrisi Tanıtım Komitesi	Förderausschuss der Automobilindustrie
OIC	Organisation of Islamic Cooperation	Organisation für islamische Zusammenarbeit
OICA	International Organization of Motor Vehicle Manufacturers	Internationale Automobilhersteller-vereinigung
OIZ		organisierte Industriezone
OSD	Otomotiv Sanayicileri Derneği/ Automotive Manufacturers Association	Verband der türkischen Automobilhersteller
OTAM	Otomotiv Teknolojileri Araştırma Geliştirme Merkezi	Forschungs- und Entwicklungszentrum für Automobiltechnologien
PDA	Personal Digital Assistant	persönlicher digitaler Assistent

Abkürzung	ausgeschrieben, türkischer oder fremdsprachlicher Ausdruck	ausgeschrieben, deutsche Entsprechung
PISA	Programme for International Student Assessment	Programm zur internationalen Schülerbewertung
Pkw		Personenkraftwagen
R&D	Research and Development	Forschung und Entwicklung
rd.		rund
SAARC	South Asian Association for Regional Cooperation	Südasiatische Vereinigung für regionale Kooperation
SCO	Shanghai Cooperation Organisation	Shanghaier Organisation für Zusammenarbeit
sog.		sogenannt
Tab.		Tabelle
TALSAD	Turkish Aluminium Industrialists Association	Türkische Vereinigung der Aluminium-Industrie
TANAP	Trans-Anatolian gas pipeline	Transanatolische Gasleitung
TARMAKBR	Turkish Association of Agricultural Machinery & Equipment Manufacturers	Verband der türkischen Landmaschinen-Hersteller
TAYSAD	Taşıt Araçları Yan Sanayicileri Derneği	Verband der Teile- und Komponentenhersteller in der Automobilindustrie
TBMM	Türkiye Büyük Millet Meclisinin	große türkische Nationalversammlung
TEMSAD	Tekstil Makina ve Aksesuar Sanayicileri Derneği	Vereinigung der türkischen Textilmaschinen-Industrie
TIZ		Technologieentwicklungszone
TL		Türkische Lira
TOBB	Türkiye Odalar ve Borsalar Birliği	Türkische Handelskammer
TR		Türkei
tsd.		tausend
TÜSIAD	Türk Sanayicileri ve Işadamlari Derneği	Verband der Unternehmer und Geschäftsleute in der Türkei
TUSKON		Türkische Vereinigung der Geschäftsleute und Industriellen
TYL		Türkische Lira (alt)
u. a.		unter anderem
u. Ä.		und Ähnliches
ü. M.		über dem Meeresspiegel

Abkürzung	ausgeschrieben, türkischer oder fremdsprachlicher Ausdruck	ausgeschrieben, deutsche Entsprechung
u. U.		unter Umständen
ÜFE		Steigerungsrate des Erzeugerpreis-index
UK	United Kingdom	Vereintes Königreich
UKUB	Ulusal Kalip Üreticileri Birliği/Tool Manufacturers' Association of Turkey	Verband der Werkzeugproduzen-ten der Türkei
UN	United Nations	Vereinte Nationen
UNCTAD	United Nations Conference on Trade and Development	Konferenz der Vereinten Nationen für Handel und Entwicklung
USA	United States of America	Vereinigte Staaten von Amerika
USD	United States Dollar	US-Dollar (Vereinigte Staaten von Amerika)
USt.		Umsatzsteuer
usw.		und so weiter
UTAYSiB	Uludağ Taşit Araçlari ve Yan Sanayi İhracatçıları Birliği	Dachverband der Teile- und Kompo-nentenexporteure in der Automobil-industrie
V		Volt
v. a.		vor allem
vs.		versus
VwSt		Verwaltungssteuer
WCO	World Customs Organization	Weltzollorganisation
WTO	Word Trade Organization	Welthandelsorganisation
z. B.		zum Beispiel
z.T.		zum Teil

1 Rahmenbedingungen und grundsätzliche Daten

Autor: Frank Kaiser

1.1 Einleitung

Die freundschaftlichen deutsch-türkischen Beziehungen haben eine lange wechselhafte Geschichte. Sie reichen zurück bis in die Zeiten des Osmanischen Reiches und setzen sich fort bis zum heutigen Tag. Nicht zuletzt wegen der knapp 4 Mio. türkischstämmigen Einwohner in Deutschland und wegen des starken Wirtschaftswachstums entwickelt sich die Türkei zu einem immer wichtigeren Partner für Deutschland, aber auch für die Europäische Union (EU). Umgekehrt ist auch Deutschland nach wie vor der wichtigste Wirtschaftspartner der Türkei.

Vor diesem Hintergrund ist es verwunderlich, wie wenig der Einzelne oft über die Kultur, das Leben und die Geschichte des anderen Landes weiß. Dabei ist gerade für ein besseres Verständnis der Türkei die Kenntnis der jüngeren Geschichte wichtig, da der Untergang des Osmanischen Reiches und der Ausruf der Republik 1923 nach den gewonnenen Befreiungskriegen eine geschichtliche Zäsur war, die soziale und politische Umwälzungen mit sich brachte, die bis in die Gegenwart nachwirken. Bis heute sind Politik und Gesellschaft vor diesem Hintergrund äußerst vielschichtig, was das Verständnis für einen Außenstehenden nicht gerade erleichtert.

Ihre Existenz verdankt die Türkei, wie wir sie heute kennen, dem „Vater der Türken", Mustafa Kemal. Er war es, der in den Folgejahren des Ersten Weltkrieges das zusammengeschrumpfte Restgebilde des Osmanischen Reiches als neu geschaffene „Türkische Republik" zu vereinen verstand. Durch die erfolgreichen Befreiungskriege gegen die Besatzungsmächte Griechenland, Großbritannien, Frankreich, Italien und Russland erhielt die Türkei ihre Unabhängigkeit und die heutigen Staatsgrenzen wurden festgeschrieben. Damit waren die im Friedensvertrag von Sèvres (1920) festgelegten Pläne, Kleinasien im Wesentlichen unter den Besatzungsmächten aufzuteilen, hinfällig und die Geburtsstunde der Türkei hatte geschlagen: 1923 rief Mustafa Kemal die Türkische Republik aus und wurde ihr erster Staatspräsident.

Im Gegensatz zu dem Vielvölkerstaat des Osmanischen Reiches baute Atatürk diese Republik nach europäischem Vorbild im Sinne eines Nationalstaates auf. Er vollzog in atemberaubender Zeit einen Schnitt mit allen vergangenen Traditionen, Sitten und Gesetzen und richtete sich nach Europa aus:

Sultanat und Kalifat und damit die Scharia (das islamische Recht) wurden abgeschafft. An ihre Stelle traten die Staats- und Regierungsform der Republik sowie europäisches Zivil-, Straf- und Verwaltungsrecht.

Die Mehrehe wurde verboten, Frauen und Männer wurden gleichgestellt, Nachnamen und die Registrierung neu geborener Kinder wurden eingeführt, neue Kleidervorschriften traten in Kraft. Die Sprache bekam eine andere Grammatik, der Wortschatz wurde „entarabisiert", die lateinische Schrift wurde eingeführt.

Das Bildungswesen bekam durch Alphabetisierung, Schulpflicht und die Neugründung von Schulen und Hochschulen eine neue Grundlage.

Im wahren Sinn in die neue Zeit geworfen wurde die junge Republik schließlich durch die Abschaffung des islamischen Mondkalenders und die Einführung des gregorianischen Kalenders wie auch die Änderung des wöchentlichen Feiertages vom islamischen Freitag zum christlichen Sonntag.

Durch diese rigorose Abkehr von der jahrhundertelang herrschenden und geltenden osmanisch-islamischen Kultur wollte Mustafa Kemal es den Türken ermöglichen, sich als staatsbildendes Volk der neu geschaffenen Türkei zu fühlen und ein neues, aufgeklärtes Selbstverständnis und Selbstbewusstsein als Zugehöriger zu einer großen, modernen Nation zu entwickeln.

Eine solch radikal vollzogene Demokratisierung, Sozialisierung und Säkularisierung von Staat und Gesellschaft wäre ohne eine charismatische Persönlichkeit wie Mustafa Kemal, der ab 1935 den Beinamen „Atatürk" (Vater der Türken) trug, nicht möglich gewesen und bis heute kann die Bedeutung, die der Staatsgründer für die Türken hat, nicht überschätzt werden.

1.2 Daten und Fakten

1.2.1 Geografie

Mit einer Fläche von 783.562 Quadratkilometern ist die Türkei etwa doppelt so groß wie die Bundesrepublik Deutschland, sie hat aber nahezu genauso viele Einwohner, von denen fast ein Viertel in Istanbul lebt, dem wirtschaftlichen und kulturellen Zentrum des Landes. Die Türkei ist ein stark urbanisiertes Land, deutlich über 70 % der Bevölkerung leben in Städten und die Wirtschaftskraft ist ungleich verteilt: Istanbul erbringt rd. 27 % der gesamten türkischen Wirtschaftsleistung. Weit dahinter folgt Ankara mit immerhin knapp 9 % und Izmir mit 6,5 %. Auch die Bruttowertschöpfung pro Einwohner ist in Istanbul mit 13.416 USD (2010) führend.

PRAXISTIPP

Wenn es wichtig ist, nah am potenziellen Kunden in der Türkei zu produzieren, wird man gut beraten sein, in den traditionell starken Wirtschaftszentren in der Marmararegion um Istanbul, Ankara oder Izmir zu investieren. Wenn die Nähe zum Kunden keine entscheidende Rolle spielt, lohnt es sich, sich genau mit den wachsenden Regionen im Landesinneren auseinanderzusetzen, da hier die Landpreise und Lebenshaltungskosten deutlich günstiger sind und man von großzügigeren Investitionshilfen profitiert.

Die Tatsache, dass ein Teil der Türkei geografisch auf dem europäischen Kontinent liegt, der größere Teil aber in Kleinasien, drängt den oft bemühten Topos der Türkei als „Brücke" zwischen Kontinenten und Kulturen auf.

Abb. 1: Geografie der Türkei
Quelle: sfmthd – Fotolia/Cifotart – Fotolia

Dabei ist es richtig, dass sich eine solche Mittlerrolle als Standortvorteil für die Türkei geradezu aufdrängt. Im Nordosten grenzt die Türkei an Armenien und Georgien, im Osten an den Iran und im Südosten an Nordirak und Syrien. Europäische Nachbarn im Westen sind die EU-Mitglieder Bulgarien und Griechenland. Mit einer Küstenlänge von insgesamt 7.200 Kilometern hat die Türkei darüber hinaus direkten Zugang sowohl zum Schwarzen und zum Ägäischen Meer als auch zum Mittelmeer. Damit ist die Türkei als Landbrücke zwischen dem Nahen Osten und Europa in einer hervorragenden Ausgangsposition für den Handel mit dem Nahen Osten und der EU, aber auch als Transitland.

Daher nimmt es nicht wunder, dass die Strategie 2023 massive Investitionen in den Ausbau der Infrastruktur vorsieht. Alle Häfen sollen mit einem Eisenbahnanschluss versehen und die Autobahnen ausgebaut werden.

Eine besondere Bedeutung kommt dabei dem Pipelinebau zu. Die Türkei hat besonders gute Aussichten, als Transitland für Gas zu profitieren. Schon heute durchqueren zwei bedeutende Pipelines die Türkei: BPs Baku-Tbilisi-Ceyhan-Projekt transportiert Öl aus Aserbaidschan über eine Strecke von 1.760 Kilometern zum türkischen Mittelmeerhafen Ceyhan. Zum gleichen Endhafen wird über die Kirkuk-Ceyhan-Pipeline Öl aus Nordirak geleitet. In Zukunft soll die Bedeutung der Türkei als Energietransitland noch wachsen. Mit der *Trans-Anatolian gas pipeline* (TANAP) soll Gas aus dem Kaspischen Meer über die Türkei und schließlich bis nach Europa transportiert werden. Die Verbindung von der Türkei zu Europa wird über die *Transadriatic Pipeline* realisiert werden, nachdem sich das Shah-Deniz-2-Konsortium gegen den Anschluss über Nabucco West entschieden hat.

Klimatisch teilt sich die Türkei in die Zonen Ägäis, Marmara- und Mittelmeerregion, Schwarzmeerküste, Ostanatolien, Südostanatolien und Zentralanatolien auf. Die klimatische Vielfalt ist u. a. dafür verantwortlich, dass sowohl der Tourismussektor als auch der Agrarsektor einen wesentlichen Beitrag zum BIP beisteuern.

1.2.2 Bevölkerung

1.2.2.1 Demografie

Die Einwohnerzahl der Türkei hat 2013 nach offiziellen Schätzungen die 76-Millionen-Marke überschritten. Die Bevölkerung der Türkei ist im europäischen Vergleich sehr jung und hat eine nachhaltige Altersstruktur. Das Durchschnittsalter beträgt ca. 31 Jahre, wobei knapp die Hälfte der Türken unter 30 Jahre alt ist. Das Bevölkerungswachstum ist darüber hinaus mit 1,2 % stabil. 58 % der Bevölkerung sind im arbeitsfähigen Alter von 15 bis 64 Jahren.

Die Arbeitslosenquote konnte im Jahr 2012 gegenüber 2011 zwar gesenkt werden und liegt bei ca. 9 bis 9,5 %. Die Jugendarbeitslosigkeit hat 2012 hingegen noch zugelegt und liegt mit über 18 % doppelt so hoch wie die Gesamtarbeitslosenquote.

1.2.2.2 Bildung

Dieses Missverhältnis der Arbeitslosenquoten, das sich in dem extremen Anstieg der Jugendarbeitslosigkeit zeigt, ist ein deutlicher Indikator dafür, dass Absolventen z. T. als nicht gut auf die Arbeitswelt vorbereitet empfunden werden. Überhaupt besteht im Bildungssektor noch erheblicher Nachholbedarf. In der PISA-Studie von 2013, in der die Grundkompetenzen von 15-jährigen Schülern international verglichen wurden, schnitt die Türkei in allen drei Bereichen (Lesefähigkeit, Mathematik und Naturwissenschaften) unterdurchschnittlich ab. Und auch der *Human Development Report* der UN sieht noch Aufholbedarf bei der Schulbildung. Danach hatten 58 % der Männer und 74 % der Frauen lediglich Grundschulbildung.

Diese Zahlen dürfen allerdings nicht darüber hinwegtäuschen, dass es in der Türkei durchaus ein breites Angebot an sehr gut ausgebildeten Arbeitskräften gibt. Viele sind in Spitzenuniversitäten ausgebildet und haben darüber hinaus im Ausland studiert. Allerdings bestehen unter den Bildungsinstituten erhebliche Qualitätsunterschiede.

PRAXISTIPP

Bei der Auswahl von Mitarbeitern ist zu beachten, dass es in der Türkei erhebliche Unterschiede zwischen den Universitäten gibt. Die Absolventen der privaten oder öffentlichen Spitzenuniversitäten sind ohne Weiteres mit deutschen Ingenieuren und anderen Akademikern vergleichbar.

Die Gewährleistung einer gut ausgebildeten Bevölkerung ist eine wichtige Säule für die Fortsetzung der erfolgreichen Wirtschaftsentwicklung und für die Erreichung des selbst gesteckten Ziels, in 2023 zu den zehn größten Wirtschaftsnationen der Welt zu gehören.

Die Herausforderungen im Bildungsbereich sind sowohl vom öffentlichen als auch vom privaten Sektor erkannt worden. In den Jahren 2003 bis 2011 hat die Anzahl der Privatschulen um 50 % von 613 auf 931 Schulen zugenommen.

Auch der Staat hat sich des Umbaus des Schulsystems angenommen und mit der neuesten Reform eine achtjährige Schulpflicht eingeführt sowie das Schulsystem ähnlich dem amerikanischen System in drei Vierjahresblöcke eingeteilt: Grund-, Mittel- und Oberschule. Das Bildungssystem insgesamt ist ein Politikum. Bei der Opposition stieß auf harsche Kritik, dass beim Umbau des Schulsystems von der konservativen AKP (*Adalet ve Kalkınma Partisi)* eingeführt wurde, dass nach vier Jahren Grundschule auch *Vocational Schools*, wozu auch religiöse Imam-Hatip-Schulen gehören, besucht werden können.

1.2.3 Politik

1.2.3.1 Staatsform und Verwaltungsaufbau

Die erste Verfassung der Türkei, die 1924 nach der Ausrufung der Republik rechtskräftig wurde, führte die Volkssouveränität ein. Durch die große türkische Nationalversammlung (TBMM) als „alleinigem Vertreter des Volkes" wird darin der Willensbildung des Souveräns Ausdruck verliehen.

Aber erst 1961, nach dem Staatsstreich durch das Militär gegen das Menderes-Bayar-Regime, werden in der vom Volk bestätigten zweiten Verfassung die Grundrechte und eine Parlamentsordnung bestehend aus Volkskammer und Senat, die alle vier Jahre wiedergewählt werden müssen, festgelegt.

Die zum Großteil bis heute gültige Verfassung stammt aus dem Jahre 1982 und wurde durch einen Volksentscheid angenommen. In ihr definiert sich die Türkei als ein „demokratischer, laizistischer, sozialer Rechtsstaat". Der Präsident als Staatsoberhaupt hat eine mehr repräsentative Rolle, während die eigentliche Exekutivmacht beim Ministerpräsidenten liegt. Der Ministerrat, der aus dem Ministerpräsidenten und den von ihm ernannten Ministern besteht, bestellt die Staatsgeschäfte.

Für den Einzug in das Parlament gilt die Zehnprozenthürde, was es für neue Parteien schwer macht, sich zu etablieren. Die Parlamentarier werden auf vier Jahre in das Parlament gewählt.

Als zentralistisch aufgebauter Nationalstaat ist die Türkei in 81 Provinzen unterteilt, die durch einen Gouverneur verwaltet werden. Die einzelnen Provinzen wiederum sind in Landkreise und Gemeinden unterteilt, denen ein Präfekt (*Kaymakam*) vorsteht, der vom Innenminister ernannt wird. Die Bürgermeister und Dorfvorsteher werden vom Volk gewählt.

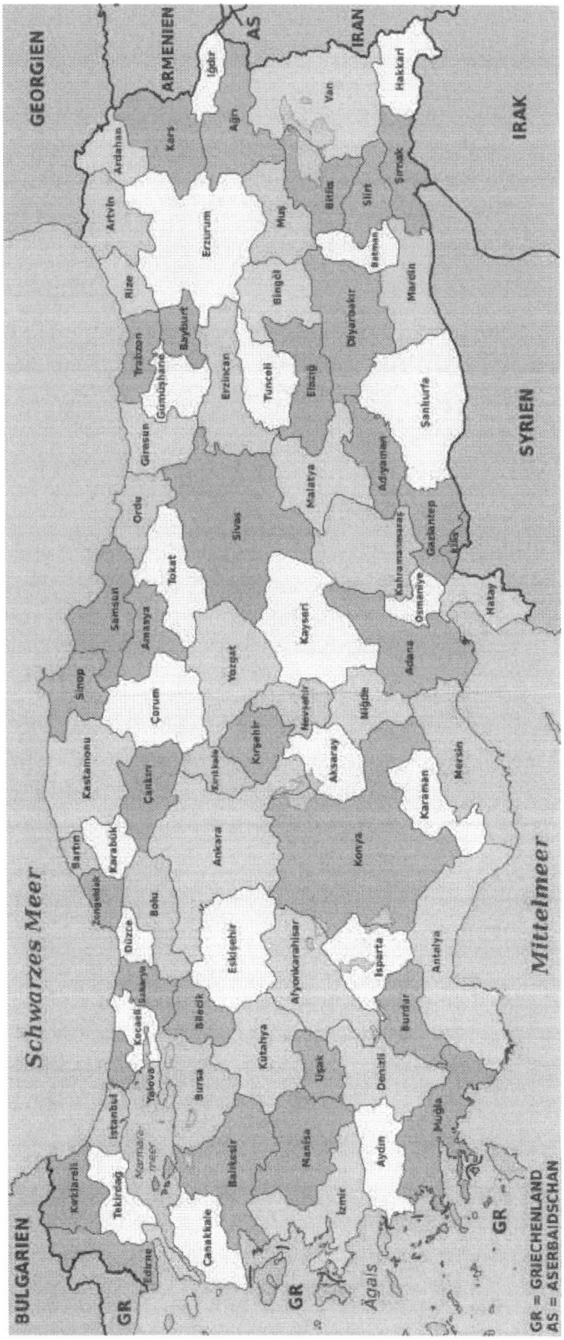

Abb. 2: Verwaltungsgliederung der Türkei
Quelle: Tubs, Wikimedia Commons

1.2.3.2 Gegenwärtige Regierungszusammensetzung

Die letzte Parlamentswahl fand am 12.06.2011 statt. Mit Recep Tayyip Erdogan als Spitzenkandidaten ging die islamisch-konservative AKP „Partei für Gerechtigkeit und Entwicklung" mit der absoluten Mehrheit als deutlicher Gewinner hervor. Die AKP konnte ihr Ergebnis erwartungsgemäß zum dritten Mal in Folge verbessern, verpasste allerdings deutlich die angestrebte Zweidrittelmehrheit, die es ihr erlaubt hätte, die Verfassung ohne Zustimmung von Oppositionsparteien zu ändern.

Das ist insofern von Bedeutung, als die Diskussion um eine Verfassungsreform bereits seit einigen Jahren geführt wird. Die nach dem Militärputsch von 1980 aufgrund eines Volksentscheides erlassene Verfassung wurde zwar in den vergangenen Jahren insgesamt zwölfmal geändert und 2010 stimmten 57,9 % der Wähler beim letzten Verfassungsreferendum zahlreichen weiteren Änderungen zu, aber dennoch wird die Verfassung nach wie vor als reformbedürftig angesehen.

Auch aus diesem Grund hat der derzeitige Ministerpräsident Erdogan eine grundlegende Verfassungsänderung eingeleitet, die noch vor den nächsten Wahlen in Kraft treten soll. Von Erdogan ist die Idee einer Präsidialverfassung nach dem Vorbild Russlands oder Amerikas ins Spiel gebracht worden, die dem Präsidialamt enorme exekutive Macht einräumen würde und deswegen auch viele kritische Reaktionen hervorruft.

1.2.3.3 EU-Politik

Die Geschichte der Annäherung der Türkei an die EU reicht weit zurück und ist ein z. T. emotional geladenes Thema. Nicht zuletzt wegen der bewegten Geschichte der Türkei sind den Annäherungen immer wieder Phasen der Ablehnung oder Abkühlung gefolgt.

Bereits 1959 hatte die Türkei einen Assoziierungsantrag an die damalige Europäische Wirtschaftsgemeinschaft (EWG) gestellt.

Vier Jahre später wurde das sogenannte Ankara-Abkommen geschlossen, in dessen Schlussphase die Option zur Vollmitgliedschaft in Aussicht gestellt wurde. Doch haben damals Strukturanpassungsprobleme in wirtschaftlichen und administrativen Bereichen weitere Verhandlungen verhindert.

Nach dem Militärputsch von 1980 wurden die Beziehungen eingefroren und 1982 das Ankara-Abkommen ausgesetzt.

1987 stellte die Türkei einen weiteren Beitrittsantrag bei der nun herangewachsenen Europäischen Gemeinschaft (EG), woraufhin dann 1988 zwar das Ankara-Abkommen wieder eingesetzt, jedoch 1989 auf Empfehlung der EU-Kommission unbefristet zurückgestellt wurde.

Durch die Maastrichter Verträge wurde 1993 die EU gegründet. Die „Kopenhagener Kriterien" des Europa-Rats fordern nun als Beitrittsbedingungen neben einer funktionierenden Marktwirtschaft auch eine stabile demokratische rechtsstaatliche Ordnung, die Wahrung der Menschenrechte und Minderheitenschutz.

1995 schloss die EU mit der Türkei (als einzigem Nicht-EU-Land) ein Abkommen über eine Zollunion, die am 01.01.1996 in Kraft trat. Von diesem Datum an gilt in der Türkei das europäische Wirtschaftsrecht. Damit muss die Türkei ihre Handelsbeziehungen mit Drittländern dem Europäischen Wirtschaftsrecht anpassen, ohne ein Mitspracherecht in Brüssel zu haben.

Im Oktober 2013 wurden nun die Beitrittsverhandlungen wieder aufgenommen. Von den 35 Verhandlungskapiteln sind bis jetzt zwei abgehandelt: Wissenschaft und Forschung. In den nun folgenden Verhandlungen soll die Regionalpolitik (Justiz und Verwaltung) abgehandelt werden.

PRAXISTIPP

Der wesentliche Vorteil, den die Beitrittsverhandlungen bereits gebracht haben, liegt in der fortlaufenden Angleichung der Standards. Das gilt sowohl für technische Standards als auch für Rechtsstandards und Verwaltungspraktiken. Europäische Unternehmen finden sich daher in einem mehr und mehr vertrauten Geschäftsumfeld in der Türkei.

Die AKP bekennt sich zwar zu dem Ziel, eine EU-Vollmitgliedschaft der Türkei anzustreben, doch zeigt der letzte Fortschrittsbericht der EU trotz großer Erfolge hinsichtlich der Haushaltspolitik der Türkei immer noch erheblichen Raum für Verbesserungen auf. Während das „Demokratisierungspaket" der Regierung gelobt wurde, stieß der harsche Umgang mit den sogenannten Gezi-Park-Protesten im Jahre 2013 auf scharfe Kritik. Die Jahreswende 2013/2014 war gekennzeichnet von schweren Korruptionsvorwürfen und Ermittlungen gegen mehrere Minister und ranghohe Politiker. Dies hat einen innerparteilichen Konflikt der AKP zutage gebracht, der mittlerweile in aller Öffentlichkeit ausgetragen wird. Die Art und Weise, wie dieser Konflikt gelöst und die Krise bewältigt wird, wird nicht zuletzt auch dafür von Bedeutung sein, wie die bisherige Wirtschaftsentwicklung fortgesetzt werden kann.

1.2.4 Wirtschaft

1.2.4.1 Wirtschaftsstruktur

Der größte Wirtschaftssektor des Landes ist der Dienstleistungssektor, der ca. 45 % der Berufstätigen beschäftigt und nahezu ein Drittel zur gesamten türkischen Bruttowertschöpfung beisteuert. Den größten Anteil am Dienstleistungssektor macht die Tourismusbranche aus. Im Jahr 2012 profitierte die Türkei als „sichere Insel" in der Region von einem Anstieg von Besuchern aus den arabischen Staaten. Dazu beigetragen hatte auch eine offene Visapolitik, die es durch Abkommen zum visafreien Einreisen mit vielen Staaten gerade für Besucher aus dem Nahen und Mittleren Osten deutlich einfacher machte, in die Türkei zu reisen.

Gerade für die Verbesserung des Leistungsbilanzdefizits liegen die Hoffnungen auf dem breit gefächerten und wachsenden Industriesektor. Mit verschiedenen Anreizprogrammen bemüht sich die Regierung, die Exportquote der Industrie zu erhöhen. Die wichtigsten Branchen in diesem Sektor sind Textil, Automotive, Chemie, Maschinenbau und Elektronik.

Von wesentlicher Bedeutung für die türkische Wirtschaft ist auch das Baugewerbe, welches sowohl im Inland als auch im Ausland erfolgreich ist. Insbesondere die geplanten Großprojekte wie der dritte Istanbuler Flughafen, der der weltgrößte Flughafen werden soll, oder die dritte Bosporusbrücke, mit deren Bau bereits begonnen wurde, versprechen für die nächste Zukunft die Auftragsbücher der Bauunternehmen zu füllen. Außerdem sieht die Strategie 2023, der hundertste Jahrestag der Republik, massive Investitionen in den Ausbau der Infrastruktur vor. Alle Häfen sollen mit einem Eisenbahnanschluss versehen und die Autobahnen ausgebaut werden. Andererseits hat das starke Wachstum neuer gewerblicher Flächen und von neuem Wohnraum auch die Diskussion um eine mögliche Immobilienblase gerade im Raum Istanbul aufkommen lassen. International ist die türkische Baubranche insbesondere in Russland und im nordafrikanischen Raum traditionell sehr erfolgreich, sodass sich eine Stabilisierung der politischen Situation im Nahen Osten und in Nordafrika positiv auf die türkische Baubranche auswirken sollte.

Eine große Bedeutung für den Arbeitsmarkt hat der Landwirtschaftssektor, der ca. 10 % des Bruttoinlandsproduktes erwirtschaftet und in dem etwa ein Drittel der arbeitenden Bevölkerung beschäftigt ist. Die Türkei gehört zu den größten Exportländern für Zitrusfrüchte und ist der weltgrößte Haselnuss-Exporteur. Insgesamt zeichnet sich eine Tendenz zur vertikalen Integration in der Nahrungsmittelbranche ab, bei der die verarbeitende Industrie auch in Agrarbetriebe investiert. Dies könnte zu einer größeren Industrialisierung in der Landwirtschaft und zu Effizienzsteigerungen führen.

1.2.4.2 Export/Import

Der Aufschwung der letzten zehn Jahre wurde besonders auch in den wachsenden Exportzahlen deutlich. Im Jahr 2007 durchbrachen die Exporte erstmals die Marke von 100 Mrd. USD und 2010 lagen sie bei 114 Mrd. USD. 2012 exportierte die Türkei Waren im Wert von ca. 150 Mrd. USD.

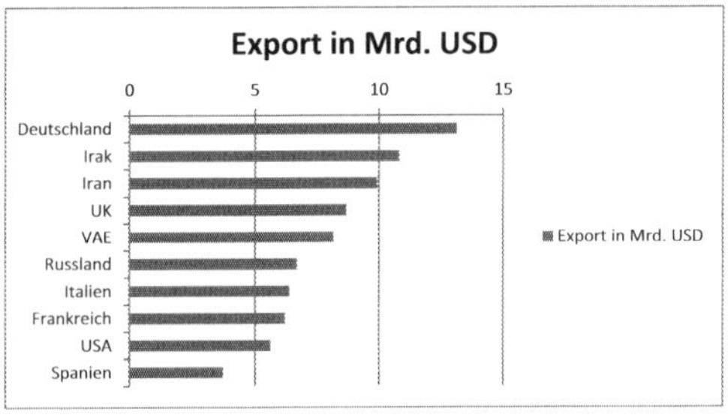

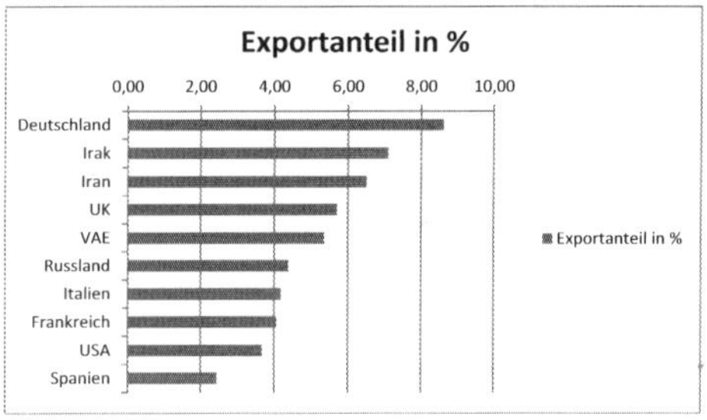

Abb. 3: Export und Exportanteile der Türkei in wichtige Abnehmerländer
Quelle: GTAI, Turkstat

Der Import hingegen übersteigt regelmäßig die Exporte, und dies besonders deutlich in den starken Wachstumsjahren, was zu einem chronischen Handelsbilanzdefizit der Türkei führt. Der Abbau dieses Handelsbilanzdefizits ist ein Hauptziel der Wirtschaftspolitik der Regierung. Ein Kernproblem ist dabei die Umgestaltung der Energieversorgung, denn die Türkei ist stark auf Energieimporte insbesondere aus Russland und dem Iran angewiesen. Verbunden mit einer energieineffizient arbeitenden Industrie führt dies dazu, dass über 50 % des Außenhandelsdefizits auf Energieimporte zurückzuführen sind.

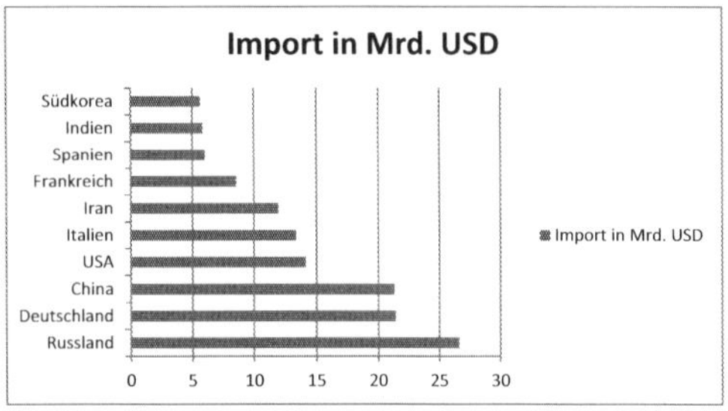

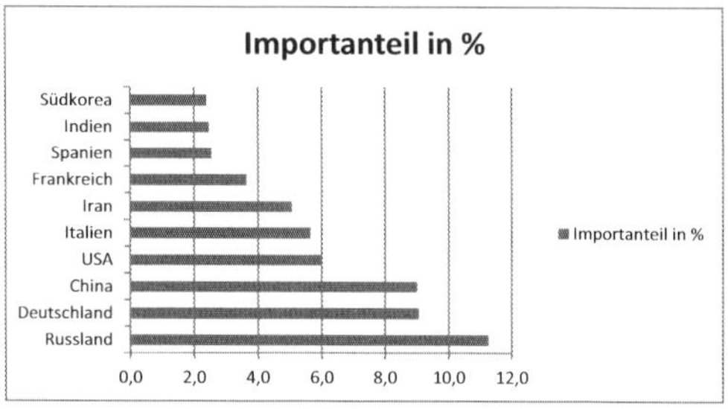

Abb. 4: Import in die Türkei
Quelle: GTAI, Turkstat

PRAXISTIPP

Auch wenn zwischen der EU und der Türkei die Zollunion besteht, sind in der Vergangenheit immer mal wieder Maßnahmen getroffen worden, die wie nichttarifäre Handelshemmnisse wirken können. Es empfiehlt sich daher, sich vor dem Export genau über die Einfuhrbestimmungen des jeweiligen Produktes bei seiner IHK oder der AHK zu informieren.

Die Hauptausfuhrgüter der Türkei sind Textilien und Bekleidung mit 16,6 %, Fahrzeuge und Kfz-Teile mit 9,6 %, Eisen und Stahl mit 8,7 % und Nahrungsmittel mit 8,3 % sowie Maschinen mit 6,3 % Anteil am Gesamtausfuhrvolumen.

Die Haupteinfuhrgüter der Türkei sind chemische Erzeugnisse, die 12,2 % der Gesamteinfuhr ausmachen, Maschinen, die einen Anteil von 10,5 % haben, Rohstoffe, die 7,8 % beisteuern, sowie Erdöl und Kraftfahrzeuge bzw. Kfz-Teile, die jeweils 6,9 % und 6,0 % zur Gesamteinfuhr beitragen.

Die größten Handelspartner sind auf der Einfuhrseite Russland mit 11,3 %, Deutschland mit 9,0 %, China mit 9,0 %, die USA mit 6,0 %, Italien mit 5,6 %, Iran mit 5,1 % und Frankreich mit 3,6 % Anteil an der Gesamteinfuhr.

Die größten Abnehmer türkischer Produkte sind Deutschland mit 8,6 %, der Iran mit 6,5 %, das Vereinigte Königreich mit 5,7 %, die Vereinigten Arabischen Emirate mit 5,4 %, Russland mit 4,4 %, Italien mit 4,2 % und Frankreich mit 4,1 %.

1.2.4.3 Ausländische Direktinvestitionen

Die stabilen Wachstumsraten der letzten zehn Jahre haben die Türkei zu einem bevorzugten Ziel ausländischer Direktinvestitionen gemacht. 2011 flossen mit ca. 12 Mrd. USD mehr Direktinvestitionen aus dem Ausland in die Türkei als in den Jahren 2008 bis 2010 zusammen. Der Großteil der Investitionen kam dabei wieder aus den EU-Ländern.

Für Investitionen in die Türkei sprechen u. a. die hervorragenden Wachstumsraten der letzten Jahre als auch die junge und konsumfreudige Bevölkerung. Der robuste Bankensektor und die niedrige öffentliche Verschuldung waren darüber hinaus Grund genug für die Ratingagentur Fitch, die Türkei im November 2012 auf *Investment Grade* BBB hochzustufen. Und schon 2010 bescheinigten die Vereinten Nationen der Türkei, beim Investitionsklima an 15. Stelle weltweit zu stehen. Dabei ist sich die Regierung durchaus bewusst, dass das Land bis auf Weiteres auf ausländische Direktinvestitionen angewiesen ist. Daher hat die Türkei ein umfangreiches Programm zur Förderung von ausländischen Direktinvestitionen aufgesetzt, mit dem je nach Region Investitionen durch steuerliche Begünstigungen gefördert werden.

PRAXISTIPP

Bei Investitionen können je nach Region umfangreiche Vergünstigungen in Anspruch genommen werden. Einen guten Überblick zu den einzelnen Fördermaßnahmen mit Erläuterungen bietet die Internetseite der staatlichen Investitionsförderungsagentur ISPAT: www.invest.gov.tr.

1.2.4.4 BIP-Entwicklung

Von 2003 bis 2012 wuchs das BIP der Türkei durchschnittlich um 5,1 %. Damit gehört die Türkei zu den am schnellsten wachsenden Volkswirtschaften der Welt in diesem Zeitraum. Dies ist umso bemerkenswerter, wenn man sich die Situation der Türkei vor 2003 betrachtet. Damals war die Wirtschaftsentwicklung durch eine hohe Volatilität geprägt. Seit den 1990er-Jahren durchlief die türkische Wirtschaft drei große Wirtschaftskrisen in den Jahren 1994, 1999 und 2001 und musste mit einer Hyperinflation zurechtkommen. Die Krise in 2001 führte zu einer Konsolidierung des Bankensektors und zu einem gestärkten Bankensystem.

2012 fiel das BIP um bemerkenswerte 6 % auf 2,2 % und lag damit noch unter der nach unten revidierten Prognose von 3 %. Dennoch stellte eine Wachstumsrate von immerhin über 2 % eine beachtliche Leistung dar, angesichts der Tatsache, dass viele *Emerging Markets* in eine Rezession verfielen. Die Türkei wurde hart durch die Rezession in vielen Teilen Europas getroffen, in die 40 % des Gesamtexports des Landes gehen. Für die Leistung, eine geregelte Verlangsamung des Wirtschaftswachstums, ein sogenanntes *Soft Landing,* nach den Jahren rapiden Wachstums zu meistern, wurde Erdem Başçi, der seit 2011 der türkischen Zentralbank vorsteht, dann auch vom britischen Finanzmagazin *Banker* zum Zentralbanker des Jahres 2013 gewählt.

1.2.4.5 Zinsen und Inflation

Nach Zeiten mit hohen Inflationsraten und sogar mit Hyperinflation ist es der Regierung in der letzten Dekade gelungen, durch eine durchschlagende Währungsreform im Jahr 2004 (der TYL wurde 1:1.000.000 abgewertet) und eine strikte Finanzpolitik die Inflation unter Kontrolle zu halten. Das Ziel, die Inflationsrate auf 10 % zu senken, wurde erreicht.

Dabei wurde gerade die Zinspolitik der Türkischen Zentralbank in den letzten Jahren vor völlig neue Herausforderungen gestellt. Nach der Finanzkrise in 2008 haben viele Industrieländer ihre Leitzinsen auf nahe null gesenkt. Doch der gewünschte Effekt, dass Kapital in die jeweilige Volkswirtschaft für Investitionen fließt, ließ sich nicht immer realisieren. Vielmehr strömten große Geldmengen in die *Emerging Markets*, die bessere Renditemöglichkeiten versprachen. In der Türkei waren diese Investitionen sicherlich willkommen, allerdings brachten sie für die Zentralbank ein Dilemma mit sich, welches sich nicht mit herkömmlicher Geldpolitik lösen ließ. Der erwünschte Effekt von türkischer Seite ist, dass das Wachstum angekurbelt wird. Türkische Banken und Unternehmen bekommen Zugang zu günstiger Finanzierung. Auf der anderen Seite führen die Finanzzuflüsse zu einer Aufwertung der Türkischen Lira und verteuern somit die Exporte. Dies erweist sich wiederum als wachstumshemmend. Würde jetzt einfach der Leitzins gesenkt, so würde dies inflationsfördernd wirken.

Um diesem Dilemma zwischen Inflation und Abnahme der Finanzzuflüsse zu entgehen, hat sich die Türkische Zentralbank zu einem unorthodoxen Ansatz entschieden. Der Leitzins wird als Korridor festgesetzt. Der Zinssatz für Banken wird im Rahmen dieses Korridors jeden Tag neu festgesetzt. So können eine Feinabstimmung und eine genauere Steuerung stattfinden.

1.3 Stärken und Schwächen des Marktes

1.3.1 Stärken

Die Türkei ist dasjenige Land, welches nach fast allen Modellen als *Emerging Market* gilt. Die Parameter, die dafür verantwortlich sind, werden sich auf absehbare Zeit nicht verändern. Die Türkei hat eine junge Bevölkerungsstruktur und die Investitionen in Bildung nehmen rapide zu. Überhaupt ist die Bevölkerung wohl die größte Stärke des türkischen Marktes. Sie ist nicht nur jung und gut ausgebildet. Die türkischen Arbeitnehmer arbeiten auch mehr Wochenstunden und mit weniger Krankheitstagen als Arbeitnehmer in anderen Ländern. Darüber hinaus findet sich ein ausgesprochener Unternehmergeist, der für die Vielzahl neu gegründeter Unternehmen verantwortlich ist. Außerdem haben die Wachstumsaussichten der Wirtschaft in den letzten Jahren eine große Anziehungskraft auf Unternehmen ausgeübt. Im letzten Jahrzehnt ist die Wirtschaft um durchschnittlich über 5 % gewachsen. Zeitweise wuchs die Türkei mit größeren Wachstumsraten als China.

Als Absatzmarkt könnte die Türkei in Zukunft wohl eher noch interessanter und wichtiger werden, als sie jetzt schon ist. Der gestiegene Wohlstand schlägt sich in einer ungebremsten Konsumfreude der Verbraucher nieder und die sich steigernde Wertschöpfung in der türkischen Industrie macht mehr und mehr türkische Unternehmen zu interessanten Käufern für hochwertige Investitionsgüter.

Der Finanzsektor ist ein gutes Beispiel dafür, wie sich Schwäche in Stärke verwandeln kann. Nach einer Konsolidierungsphase mit mehreren Bankenzusammenbrüchen hat die Türkei eine solide Bankenlandschaft mit strikten Regulierungsbestimmungen.

Eine weitere Stärke der Türkei ist die geostrategische Lage, die es der Türkei ermöglicht, ihre viel beschworene Brückenfunktion wahrzunehmen. Besonders deutlich wird dies im Energiebereich, wo mit der *Trans Anatolian Pipeline* (TANAP) der Türkei eine Schlüsselrolle in der Erschließung der kaspischen Gasvorkommen für die EU zufällt. Aber auch hinter dem geplanten Bau des dann größten Flughafens der Welt in Istanbul steht die Absicht, die geografische Lage als Verbindungspunkt zwischen Europa und Asien auszunutzen.

1.3.2 Schwächen

Die beeindruckenden Zahlen im Wirtschaftswachstum in den letzten Jahren dürfen nicht darüber hinwegtäuschen, dass es durchaus auch Risiken für den weiteren Wirtschaftsaufschwung gibt. Allen voran ist das Außenhandelsdefizit zu nennen, das die türkische Regierung versucht, in den Griff zu bekommen. Dieses Thema bestimmt in vielen Bereichen auch konkret die Politik und so kommt es dazu, dass die Gefahr für nichttarifäre oder auch tarifäre Handelshemmnisse steigt. Ebenso finden sich vermehrt Local-Content-Regelungen, die beispielsweise die Vergabe öffentlicher Aufträge davon abhängig machen, dass ein bestimmter Anteil der Wertschöpfung lokal stattfindet.

Die Kehrseite der konsumfreudigen Verbraucher, die die Türkei zu einem interessanten Absatzmarkt für Konsumgüter macht, ist die zunehmende Verschuldung im Privatbereich. Viele finanzieren ihren gehobenen Lebensstil über Kredite, auch wenn die türkischen Bankinstitute bei der Vergabe der Kredite strengere Anforderungen stellen, als dies in Amerika vor der Finanzkrise der Fall war. Aber dennoch bestehen hier Risiken, falls es zu einem längeren Abkühlen des Wirtschaftsaufschwungs kommen sollte. Ein hoher Risikofaktor ist hierbei die Menge der Kreditkarten, die in der Türkei im Umlauf sind. Mindestens zwei Kreditkarten zu besitzen, gehört zum Standard, wobei häufig die Schulden der einen Karte mit der anderen gedeckt werden und es so zu einem gefährlichen Verschuldungskreislauf kommt.

Wegen der geringen privaten Sparquote wird die Türkei auf absehbare Zeit auf ausländische Investitionen angewiesen sein. Vor diesem Hintergrund sind die innenpolitische Polarisierung, die sich in den Gezi-Park-Protesten 2013 zeigte, sowie die innerparteilichen Auseinandersetzungen in der Regierungspartei, die zu Beginn 2014 offen hervortraten, als besonders sensibel zu betrachten. Die politische Stabilität und Zuverlässigkeit in der Wirtschaftspolitik wird auch in Zukunft einer der wichtigsten Faktoren für ausländische Investoren bei deren Investitionsentscheidung sein.

1.4 Geschäftskultur und Werte

1.4.1 Vielfalt der Unternehmenskulturen

Mehr noch als in anderen Märkten ist in der Türkei vor Verallgemeinerungen und Universalrezepten im Umgang mit Geschäftspartnern zu warnen. Die türkische Gesellschaft zeichnet sich durch eine Vielfalt von unterschiedlichen Werten und Lebensweisen aus, die gelegentlich bis zu einer Polarisierung in der Politik reichen.

Das spiegelt sich auch in der Geschäftswelt wider und so findet man sowohl Unternehmen, die unstrukturiert agieren und manchmal ohne englischsprachiges Personal internationale Geschäfte betreiben, als auch hoch professionalisierte Unternehmen – mit strengen Prozessabläufen und strengen Corporate-Governance-Vorgaben.

Hinweise zu Unterschieden in der Geschäftsmentalität und zu interkultureller Verhandlungsführung sind daher zwar sicherlich nicht falsch, können aber in die Irre führen, wenn man sie nicht in jedem Einzelfall kritisch überprüft. So kann es in manchen Geschäftsgesprächen vom türkischen Partner als unhöflich empfunden werden, direkt zum Thema zu steuern, in anderen dagegen als professionell.

PRAXISTIPP

Bei der Suche nach Partnern sollte man sich die Zeit nehmen, mit mehreren, Kandidaten zu sprechen und deren Unternehmen kennenzulernen. Erst nachdem man mehrere Partner gesehen und verglichen hat, ist man in der Lage, bessere Urteile zu fällen. Und selbst wenn danach immer noch der Erste auch der Beste war, ist diese Investition von Zeit und Geld nicht vergebens gewesen.

1.4.2 Status und Emotionalität

Auch wenn man nicht genug betonen kann, auf den Einzelfall Wert zu legen und sich vor Verallgemeinerungen und Generalrezepten zu hüten, gibt es einige Charakteristika der türkischen Geschäftsmentalität, die zu kennen hilfreich ist.

Ganz allgemein werden Dinge oft emotionaler verarbeitet als in Deutschland. Sowohl im Guten wie im Schlechten sind Gespräche und Handlungen oft stärker emotional unterlegt und gefärbt. Dies kann im positiven Sinne zu größerer Herzlichkeit und Euphorie bei gemeinsamen Projekten führen, aber auch im Konfliktfall dazu, dass Kritik sehr schnell persönlich genommen wird. Sehr wichtig ist dies bei der Beachtung der Hierarchie und des Statusdenkens. Denn die Hierarchie spielt in der türkischen Gesellschaft und Geschäftswelt eine größere Rolle als in Deutschland.

Dies zu kennen und zu beachten, ist aus mehreren Gründen wichtig. Erstens ist wichtig, die Hierarchie zu verstehen, da Entscheidungen typischerweise von oben nach unten getroffen werden. Somit ist es entscheidend, den richtigen Ansprechpartner zu haben, um zu Ergebnissen zu kommen. Da auch die Kommunikation nicht ungehindert von unten nach oben läuft, sondern oft nur von oben nach unten geführt wird, bedeutet die Kommunikation mit der unteren Ebene manchmal nicht nur Verzögerung, sondern Stillstand.

Zweitens ist es aber auch deshalb bedeutend, weil man sich die Kommunikation bereits abschneiden kann, bevor sie eigentlich begonnen hat, indem man dem Statusbedürfnis seines Geschäftspartners nicht die nötige Aufmerksamkeit schenkt. Im weniger schlimmen Fall geschieht dies einfach dadurch, dass der Vertreter, den man mit dem Geschäftsaufbau betraut hat, mit zu wenig Status ausgestattet ist, um in der Türkei einen Entscheidungsträger als Ansprechpartner zu bekommen. Der schwerwiegendere Fall ist, dass sich der türkische Geschäftspartner nicht ausreichend respektvoll behandelt und deshalb beleidigt fühlt. Der erste Fehler lässt sich leicht korrigieren, der zweite nicht.

PRAXISTIPP

Spiegeln Sie das Verhalten Ihres Partners. Wenn Sie seine Gastfreundschaft schätzen, erwidern Sie sie in gleicher Form. Wenn es sich um die Anbahnung einer langfristigen strategischen Partnerschaft handelt, lohnt sich die Investition, den Partner vom Flughafen abzuholen und dafür zu sorgen, dass er einen besonderen Service während seines Aufenthaltes in Deutschland erhält.

1.4.3 Planungshorizont und Pragmatismus

Wenn man verstehen möchte, wer einem als Verhandlungspartner gegenübersitzt, lohnt es sich, zu überlegen, welchen Background er hat. Mit anderen Worten: Wie ist er zu dem geworden, was er heute ist? Der Großteil der heutigen Unternehmen wird noch in der ersten oder zweiten Generation geführt. Das heißt, dass der Eigentümer meist das Geschäft aufgebaut hat. Wenn man sich jetzt noch vor Augen hält, in welchem Umfeld diese Geschäfte aufgebaut wurden, so fällt schnell auf, dass in den Jahrzehnten vor der Jahrtausendwende die türkische Wirtschaft durch eine große Volatilität geprägt war. Türkische Geschäftsleute sind es daher gewohnt, in einem unsicheren Geschäftsumfeld zu arbeiten. So nimmt es nicht wunder, dass der Planungshorizont ein deutlich kürzerer ist als z. B. in Deutschland. Ergebnisse müssen schnell erzielt werden.

Daraus erklärt sich auch, dass man sehr schnell neue Projekte angeht und mit viel Unternehmergeist für neue Geschäftsmöglichkeiten offen ist, auch wenn diese in völlig fremden Branchen zu finden sind. Ein Spezialistentum ist deutlich seltener zu finden als in Deutschland. Für gute Geschäftsmöglichkeiten und Chancen ist man sehr offen und hat ein sehr pragmatisches Herangehen. Wenn man nur ein wirklich interessantes Thema hat, bekommt man daher auch trotz des Hierarchiebewusstseins oft Zugang zu hochstehenden Entscheidungsträgern.

1.4.4 Erwartung an den deutschen Geschäftspartner

Von Deutschen hat man i. d. R. ein positives Bild, das noch immer von den „preußischen Tugenden" geprägt ist. Fleiß, Pünktlichkeit, Disziplin und Genauigkeit sind Attribute, die man mit dem deutschen Geschäftspartner verbindet und von ihm erwartet. Man tut gut daran, sich zu bemühen, diese Erwartungshaltung auch zu erfüllen. Denn wenn der deutsche Geschäftspartner unpünktlich ist, wird ihm das schwerer angelastet als anderen Geschäftspartnern. Andererseits startet man mit einem Bonus und kann eine Vertrauensbeziehung schneller aufbauen, wenn man das positive Stereotyp erfüllt.

2 Die Türkei als Global Player in der internationalen Wirtschafts- und Handelspolitik

Autor: Ludwig Schulz, mit einem Beitrag der TÜV SÜD AG (Kapitel 2.2)

2.1 Einleitung

Die Türkei hat sich in den vergangenen zehn Jahren zu einem Global Player entwickelt, der sowohl aus dem Ausland Menschen, Ideen und Kapital anzieht als auch gleichsam zunehmend in internationale wirtschaftspolitische Entscheidungsprozesse einbezogen ist. Dafür stehen einerseits die Mitgliedschaften und Beteiligungen des Landes in den wichtigsten Wirtschaftsorganisationen der Welt sowie andererseits die strategische Ausrichtung und Gestaltung der türkischen Außenwirtschaftspolitik. Diese Aspekte verdeutlichen auch das gegenwärtige Selbstverständnis und das gewachsene Selbstbewusstsein der Entscheidungsträger in Politik und Wirtschaft. Weiterhin geben sie Hinweise auf wichtige Bausteine für kooperative Geschäftsbeziehungen, die sich sowohl am gemeinsamen Erfolg wie auch an gegenseitigem Respekt und Vertrauen orientieren.

2.1.1 Die Türkei im internationalen Wirtschaftsgeflecht

Die Türkei ist Mitglied in allen wichtigen internationalen Wirtschafts- und Handelsorganisationen. Sie setzt deren Normen um und bringt sich aktiv in vielen Zusammenschlüssen zur Stärkung globaler oder regionaler Wirtschaftsintegration ein:

- Gruppe der 20 wichtigsten Industrie- und Schwellenländer (G20; Platz 17 weltweit, Platz 7 in Europa)
- Welthandelsorganisation (WTO; seit 1995)
- Weltzollorganisation (WCO)
- Konferenz der Vereinten Nationen für Handel und Entwicklung (UNCTAD)
- Organisation für wirtschaftliche Zusammenarbeit und Entwicklung (OECD)
- Organisation für wirtschaftliche Zusammenarbeit im Schwarzmeerraum (BSEC; Generalsekretariat in Istanbul)
- Organisation für wirtschaftliche Zusammenarbeit (ECO; zehn Mitgliedstaaten v. a. aus Zentralasien sowie Aserbaidschan, Iran und Pakistan; Wirtschaftsbüro der Organisation und *ECO Trade and Development Bank* in Istanbul)
- Developing 8 (D-8; mit Ägypten, Bangladesch, Indonesien, Iran, Malaysia, Nigeria, Pakistan und damit in der Gruppe der bevölkerungsreichsten muslimisch geprägten Länder)
- *Committee for Economic and Trade Cooperation* (COMCEC) der Organisation für islamische Zusammenarbeit (OIC; mit 56 Mitgliedstaaten)
- *Cooperation Council of Turkic-speaking States* (CCTS; Generalsekretariat in Istanbul)

Darüber hinaus hat die Türkei Beobachter- oder Sondergaststatus in folgenden Organisationen oder bemüht sich darum[1]: Afrikanische Union, Arabische Liga, *Gulf Cooperation Council* (GCC)*, *Organization of American States* (OAS), *Pacific Alliance**, *Shanghai Cooperation Organisation* (SCO), *South Asian Association for Regional Cooperation* (SAARC)*. Vor allem aber steht sie als Beitrittskandidat in einem besonderen Verhältnis zur Europäischen Union (EU), passt sich so den europäischen Normen und Standards an und nimmt an zahlreichen EU-Programmen teil. Seit 1996 besteht mit der EU zudem eine Zollunion, ferner ist die Türkei seit 2006 Beobachterland in der Europäischen Energiegemeinschaft (EEC) und hat ihr Interesse an einer Vollmitgliedschaft bekundet.

Neben der Zollunion mit der EU und einer Reihe multilateraler Regionalabkommen älteren Datums hat die Türkei Freihandelsabkommen mit folgenden Ländern unterzeichnet[2]: Ägypten, Albanien, Bosnien-Herzegowina, Chile, ehemalige jugoslawische Republik Mazedonien, Georgien, Island, Israel, Jordanien, Kroatien, Libanon**, Liechtenstein, Marokko, Mauritius**, Montenegro, Norwegen, Palästinensische Autonomiebehörde, Schweiz, Serbien, Südkorea**, Syrien, Tunesien. Dabei verfolgt die Türkei zum einen die Absicht, mit möglichst vielen Staaten günstige Handelsbeziehungen mit wenigen Beschränkungen auf- und auszubauen – so etwa mit den Mitgliedern des Golf-Kooperationsrats (GCC) oder innerhalb der OIC. Zum anderen ersucht sie die EU, die Bedingungen der gemeinsamen Zollunion zu reformieren. Dies begründet sich in dem Umstand, dass die Türkei durch die Zollunion indirekt in einen Wettbewerb mit leistungsstarken Drittländern gezwungen wird, mit denen die EU ihrerseits Freihandels-, Partnerschafts- oder Assoziierungsabkommen abgeschlossen hat bzw. plant, dieses zu tun (allen voran mit den USA sowie den großen Schwellenländern).

2.1.2 Attraktiver Investitionsstandort trotz Herausforderungen

Viele Statistiken geben Auskunft über den Boom, der die türkische Wirtschaft seit der Jahrtausendwende und der überstandenen schweren Wirtschaftskrise von 2001/2002 erfasst hat. Die Verdreifachung des Bruttoinlandsproduktes innerhalb von nur zehn Jahren von 231 Mrd. USD (2002) auf 786 Mrd. USD (2012) und die stabilen Wachstumsraten mit einer durchschnittlichen realen BIP-Zunahme von 5 % während dieser Zeit verdeutlichen den Wirtschaftsschub, der das Land unter die Top 20 der Welt katapultiert hat. Die Zukunftsaussichten mit Wachstumsraten um die 5 % jährlich sind weiterhin für Investoren vielversprechend. Dies zeigen v. a. auch die Werte der ausländischen Direktinvestitionen: Hatte die Türkei in über 50 Jahren zwischen 1950 und 2002 in der Summe 19 Mrd. USD ausländisches Kapital angezogen, erreichte sie allein im Jahr 2007 mehr als 22 Mrd. USD (aktuell 2013: 13 Mrd. USD). Insgesamt summierte sich der Betrag ausländischer Direktinvestitionen seit 2002 auf bislang 136 Mrd. USD. Damit gehört die Türkei zu den attraktivsten Zielländern ausländischen Kapitals und glänzt gerade im Vergleich mit den krisengeschüttelten Ländern am östlichen Mittelmeer.

Zu den Hauptfaktoren, die diese Entwicklung begründeten und förderten, gehören die tief greifenden Reformen nach der Wirtschaftskrise 2001/2002 und der politische Wechsel zu einer stabilen und reformorientierten Einparteienregierung ebenso wie die allge-

1 Mit * sind die Organisationen gekennzeichnet, bei denen die Türkei einen Beobachter- oder Sonderstatus innehat.
2 Mit ** sind die Länder gekennzeichnet, mit denen die Türkei Freihandelsabkommen unterhält, die noch nicht ratifiziert sind.

meine Wachstumsphase der Weltwirtschaft bis 2007. Zudem stieg während dieser Zeit die Nachfrage nach türkischen Produkten und Dienstleistungen im benachbarten Ausland enorm, von Griechenland und den Ländern des Balkans über den Nahen und Mittleren Osten bis zum Kaukasus, Russland und Zentralasien. Damit präsentiert sich das Land als überregionale Drehscheibe.

Gerade der dynamische Privatsektor, der nicht nur im etablierten Westen und Süden der Türkei auf Expansion setzte, sondern auch und gerade von Zentral- und Südostanatolien aus neue Märkte erschloss, erwies sich dabei als kräftiges Zugpferd: So erwirtschaftete der Privatsektor allein in der Warenausfuhr zwischen 2002 und 2012 einen Umsatz von 153 Mrd. USD, was einer Verdreifachung in nur zehn Jahren entspricht. Dabei macht die Exportbereitschaft der türkischen Unternehmer bislang nicht im direkten regionalen Umfeld halt. Vielmehr erreichen türkische Produkte und Dienstleistungen nunmehr auch entfernte Länder und Regionen, von Südost- und Ostasien über den Pazifik bis Lateinamerika und Afrika, selbst wenn die Hauptabnehmerregion v. a. Europa und die nah- und mittelöstliche Nachbarschaft darstellt.

Trotz der Attraktivität als Investitions- und Kooperationsstandort sowie sonstiger Wirtschaftserfolge der Vergangenheit – seit Langem erfüllt die Türkei bereits die Kopenhagener Kriterien der EU im Bereich der Wirtschaft, 2013 zahlte sie die letzte Kreditrate an den Internationalen Währungsfond (IWF) zurück – bleiben Herausforderungen bestehen. Im Vordergrund steht dabei das große Leistungsbilanzdefizit, welches aufgrund der großen Energienachfrage der türkischen Wirtschaft und entsprechend großer Energieimporte (v. a. aus Russland) ein stark asymmetrisches Verhältnis zwischen Ein- und Ausfuhren aufweist. Zudem wirken sich v. a. strukturelle Defizite und Rückstände früherer Entwicklungen negativ auf das Image des Landes aus, was sich beispielsweise in noch zurückhaltenden Ratings der internationalen Kreditratingagenturen ausdrückt: angefangen bei der noch ausbaubaren Diversifikation der Wirtschaft, der noch unzulänglich ausfallenden Förderung von unternehmerischer Forschung und Entwicklung und der notwendigen Modernisierung der Berufsausbildung sowie Flexibilisierung des Arbeitslebens bis hin zur fortgesetzt notwendigen Reform des politischen Systems hin zu einer stabilen liberalen Demokratie.

Doch hat sich die türkische Wirtschaft in der zurückliegenden Dekade als äußerst dynamisch und robust gezeigt – trotz aller Strukturprobleme und vereinzelter innen- und außenpolitischer Instabilitäten. Besonders bemerkenswert ist, dass die Türkei aufgrund eigener Krisenerfahrungen und entsprechender früherer Anpassungen von der globalen Wirtschafts- und Finanzkrise ab 2008 verschont blieb, obwohl die Schwäche der Länder des Euro-Raums als wichtigste Handelspartner ein großes Problem mit negativem Einfluss auch für die Auftragslage in der Türkei dargestellt hatte. Stattdessen aber kam der türkischen Wirtschaft die Strategie der Diversifizierung und Dekonzentration, die die Regierung seit 2002 konsequent in ihrer Außenwirtschaftspolitik verfolgt, zugute.

2.1.3 Strategische Außenwirtschaftspolitik: Diversifizierung und Exportorientierung

Auch die 2002 angetretene Regierung der Partei für Gerechtigkeit und Entwicklung (*Adalet ve Kalkınma Partisi* – AKP) setzte die Politik der wirtschaftlichen Liberalisierung fort, die seit den 1980er-Jahren die wirtschaftspolitische Entwicklung der Türkei geprägt hatte: d. h. v. a. die Stärkung der Privatwirtschaft durch neoliberale Strukturreformen sowie die Öffnung der Türkei für die globalisierte Wirtschaft. Insgesamt hat der Außenhandel (sowohl Exporte als auch Importe) seither stark zugenommen und die Exportstruktur hat sich erkennbar verändert. Während früher landwirtschaftliche Erzeugnisse vorherrschten, werden heute überwiegend Industrieprodukte exportiert.

	2006	**2007**	**2008**	**2009**	**2010**	**2011**	**2012**
Exporte (FOB)	85,5	107,3	132,0	102,1	113,9	135,0	152,5
Importe (CIF)	139,6	170,1	202,0	141,0	185,5	240,8	236,5
Handelsvolumen	225,1	277,3	334,0	243,1	299,4	375,8	389,0
Handelsbilanz	–54,0	–62,8	–70,0	–38,8	–71,7	–105,9	–84,1

Tab. 1: Außenhandel der Türkei, in Mio. USD
Quelle: TurkStat

Die verstärkte Exportorientierung der Türkei brachte sowohl qualitative als auch quantitative Steigerungen in der Produktion mit sich. Neben traditionellen Ausfuhrwaren, wie Textilien und Bekleidung, Eisen und Stahl sowie Lebensmitteln, traten zunehmend auch Produkte des Technologiesektors, wie beispielsweise elektrische und elektronische Maschinen und Geräte sowie Fahrzeuge. Auch nahm der Exportanteil der verarbeitenden Industrie deutlich zu.

Export-Produktgruppen (2012)	**Mrd. USD**	**Anteil (%)**
Edelsteine, Edelmetalle usw.	16,3	10,7
Fahrzeuge außer Schienen- oder Straßenbahn-Rollmaterial	15,2	10,0
Maschinen und mechanische Geräte	12,0	7,8
Eisen und Stahl	11,3	7,4
elektrische Maschinen und Geräte	9,4	6,2
Textilien	8,4	5,5
Mineralkraftstoffe, Mineralöle und Destillationsprodukte	7,7	5,0
Kunststoffe	5,0	3,2

Tab. 2: Export wichtiger Produktgruppen, 2012
Quelle: TurkStat

Damit einher ging zudem eine größere Diversifikation der Zielländer für die Warenausfuhr. Zwar ist auch heute noch der Euro-Raum bzw. die EU mit fast 40 % Anteil am Gesamtexport wichtigster Wirtschafts- und Handelspartner, doch nahm deren Bedeutung – insbesondere während der Schwächephase des Euro-Raums ab 2008 – zugunsten alternativer Märkte in Asien, Afrika und Amerika ab.

Exportmärkte 2012	**Mrd. USD**	**Anteil (%)**
EU 28	59,4	38,9
andere Länder	90,8	59,5
Länder im Nahen und Mittleren Osten	42,5	27,8
andere europäische Länder	14,2	9,2
andere asiatische Länder	10,6	6,9
nordafrikanische Länder	9,4	6,1
nordamerikanische Länder	6,7	4,4
andere afrikanische Länder	3,9	2,6
südamerikanische Länder	2,2	1,4
Mittelamerika und Karibik	0,7	0,5
Australien und Neuseeland	0,5	0,3
Sonstige	0,1	0,0

Tab. 3: Exportmärkte 2012
Quelle: TurkStat

Im Vergleich der wichtigsten Zielländer für den Export brachten demnach auch diejenigen Länder die größten Zugewinne, die in der Nachbarschaft liegen und noch in den 1990er-Jahren von der türkischen Außenhandelspolitik vernachlässigt worden waren. So lassen sich deutlich steigende Tendenzen v. a. beim Export in den Irak und Iran, nach Russland und in die Vereinigten Arabischen Emirate feststellen.

Land	2012	2008	2004
Total	152,5	132,0	63,2
Deutschland	13,1	13,0	8,7
Irak	10,8	3,9	1,8
Iran	9,9	2,0	0,8
Vereinigtes Königreich	8,7	8,2	5,5
Vereinigte Arabische Emirate	8,2	8,0	1,1
Russische Föderation	6,7	6,5	1,9
Italien	6,4	7,8	4,6
Frankreich	6,2	6,6	3,7
USA	5,6	4,3	4,9
Spanien	3,7	4,0	2,7
China	2,8	1,4	0,4
Niederlande	3,2	3,1	2,1
Ägypten	3,7	1,4	0,5
Saudi-Arabien	3,7	2,2	0,8
Aserbaidschan	2,6	1,7	0,4

Tab. 4: Wichtigste Zielländer für den Export, in Mrd. USD
Quelle: TurkStat

Die Beschreibung der Türkei als Handelsstaat, der proaktiv und weltweit neue Zielmärkte für Produkte und Dienstleistungen erschließt, findet ihre Entsprechung in der dezidiert strategisch ausgerichteten Außenwirtschafts- bzw. allgemeinen Außenpolitik der AKP-Regierung. Diese zielt darauf ab, der Türkei das Image eines Zentralstaates bzw. einer Drehscheibe (*hub*) zu geben. Dabei wird häufig auf die Türkei als strategischer Partner für die Energieversorgung Europas verwiesen: Selbst reich an erneuerbaren Energien und hungrig nach Energieimporten zur Sättigung der heimischen Industrie, hat sich die Türkei zu einem Transitland für Erdöl und -gas von Ost nach West (und entsprechendes Kapital in die Gegenrichtung) entwickelt.

Was oftmals in westlichen Medien als entweder eine Abwendung vom säkular-liberalen Westen und Hinwendung zum islamischen Osten oder als ein Streben nach einer regionalen Vormachtstellung bezeichnet wird, ist dabei vielmehr als eine politische und wirtschaftliche Anpassung zu sehen, mit der sich die Türkei „fit" für die Herausforderungen der fortgesetzten Globalisierung macht. Sie möchte attraktiv sein für Kreativität und Innovation und ist bereit für Anstrengung und Leistung sowie fähig zur Modernisierung und Veränderung bei gleichzeitiger Bewahrung von Tradition, Kultur und Umwelt. Dass hierfür noch ein weiter Weg mit Hindernissen und Rückschlägen zurückzulegen ist, ist allgemein bekannt und Gegenstand fortgesetzter, offener Diskussion in der türkischen Politik wie auch in der Öffentlichkeit.

2.1.4 Synergieeffekte durch geteilte Selbstsicherheit und Willen zur Kooperation

Zwar zeigen wiederkehrende „Spannungsentladungen" in der türkischen Politik, Wirtschaft und Gesellschaft, dass die Konsequenz, mit der der Staat bzw. die Regierung die wirtschaftliche Modernisierungspolitik unter neoliberalen Vorzeichen vollzieht, nicht ohne Kritik und innere soziale Konflikte vonstattengeht. Nichtsdestotrotz wurde der Kurs der Regierung bislang bei allen Wahlen seit 2002 von einer Mehrheit der Bevölkerung bestätigt und es zeichnet sich derzeit kein gegenläufiger Trend ab. Dies liegt nicht zuletzt daran, dass der wirtschaftliche Aufschwung und Wandel, der die Türkei erfasste, bei den Menschen ankommt: So verdoppelte sich das Bruttoinlandsprodukt pro Kopf innerhalb der letzten zehn Jahre auf nunmehr geschätzte 11.277 USD (2013; nominal). Damit übersteigt es den Wert der EU-Mitgliedstaaten Bulgarien und Rumänien und liegt in etwa gleichauf mit Brasilien und Mexiko, aber noch hinter Kroatien und Polen. Die von der Regierung verfolgte „Vision 2023" verspricht schließlich eine weitere Steigerung auf 25.000 USD bis zum 100. Gründungsjubiläum der Republik. Diese ist nach Schätzungen allerdings nur dann zu erreichen, wenn die Wirtschaft konstant mit Raten um 5 % wächst.

Dem Anziehen ausländischen Kapitals und der Bereitschaft zu internationaler, partnerschaftlicher Zusammenarbeit bei der Herkulesaufgabe der Modernisierung des Landes kommt daher große Bedeutung zu. Die maßgeblichen Player der türkischen Wirtschaft, die Industrie- und Handelskammern (TOBB), die großen Unternehmerverbände TÜSIAD, MÜSIAD und TUSKON sowie die bedeutenden Firmenkonglomerate und die Gewerkschaften, sind sich ebenso wie die Regierung bewusst, dass der Erfolg der vergangenen Jahre nur dann nachhaltig sein und fortentwickelt werden kann, wenn alle entscheidenden Akteure im Innern zusammenarbeiten. Zudem heißen sie die Unterstützung ausländischer Kräfte willkommen und versprechen offenkundig einen gerechten Anteil am Erfolg (*win-win*).

Für Investoren aus dem Ausland bedeutet dies, den Umbruch und die Modernisierung der Türkei v. a. als Chance zu begreifen, Partnerschaften auf- und auszubauen und von gemeinsam erarbeitetem Erfolg zu profitieren. Wichtige Voraussetzungen dafür sind die gegenseitige Anerkennung und der Respekt vor der Leistung wie vor der Kultur des anderen. Der Erfolg vergangener Jahre steigerte das Selbstbewusstsein der türkischen Akteure und nicht zu Unrecht fordern sie heute von ihren Geschäftspartnern eine kooperative Haltung „auf Augenhöhe" ein. Türkische und deutsche Unternehmer können bereits auf eine lange Geschichte gemeinsamer Projektaktivitäten und -kooperationen zurückschauen und diese fortschreiben, indem sie sich in ihrer Selbstsicherheit ob der Qualität ihrer Arbeit und in ihrem Willen zur synergetischen Zusammenarbeit ergänzen.

2.2 Mehr Sicherheit für türkische Straßen – ein Erfahrungsbericht des TÜV SÜD

Autorenteam der TÜV SÜD AG

2.2.1 Einführung

Das Projekt TÜVTÜRK

Ist es für ein deutsches Unternehmen möglich, in der Türkei erfolgreich Fuß zu fassen und ein Großprojekt an den Start zu bringen? Sicher, aber nur, wenn man die türkischen Gepflogenheiten und kulturellen Eigenheiten beachtet. TÜV SÜD hat diesen Schritt vor rund zehn Jahren gewagt und zusammen mit türkischen Partnern ein landesweites Prüfstellenwesen für Kraftfahrzeuge aufgebaut. Ein Erfahrungsbericht.

Im Jahr 2004 beschloss die türkische Regierung, etwas gegen die stetig steigende Zahl der Verkehrsunfälle im Land zu unternehmen. Eine der Maßnahmen war die Neugestaltung des Fahrzeugprüfwesens, das in der Türkei bis zu diesem Zeitpunkt mehr einer Sichtprüfung als einer echten technischen Untersuchung entsprach. Dazu wurde das System der periodischen Fahrzeuguntersuchung an einen privaten Betreiber übertragen; die Vergabe erfolgte im Rahmen einer weltweiten öffentlichen Ausschreibung.

2.2.2 Von ersten Erfahrungen des TÜV SÜD zu TÜVTÜRK

Erste Erfahrungen in der Türkei hatte TÜV SÜD bereits im Jahr 1987 gesammelt. Damals hatte TÜV SÜD an dem Aufbau des Betriebes einer staatlichen Pilotprüfstelle in Istanbul mitgewirkt und das Personal geschult. Die Prüfstelle sollte ein Modell für die türkische Regierung sein und das technisch Machbare aufzeigen. Die Pilotprüfstelle blieb allerdings ein Einzelprojekt.

Abb. 5: Untersuchung der Hinterachse durch TÜVTÜRK-Prüfer

Im Jahr 2004 beteiligte sich TÜV SÜD in einem deutsch-türkischen Konsortium an der Ausschreibung der türkischen Regierung zur Neugestaltung der periodischen Fahrzeugüberwachung in der Türkei. Partner waren die Doğuş Group, eine inhabergeführte, international tätige Unternehmensgruppe aus den Bereichen Bau, Tourismus, Automobil, Bank und Medien, sowie das international als Flughafenbetreiber und in der Baubranche tätige Unternehmen Akfen. Das Konsortium erhielt im Dezember 2004 den Zuschlag für die beiden getrennt voneinander ausgeschriebenen Regionen Nordtürkei und Südtürkei. Innerhalb von nur 18 Monaten musste der Betreiber 189 Prüfstellen und 81 mobile Prüfeinheiten im ganzen Land neu bauen sowie das dazu notwendige Personal einstellen und schulen.

Um diese ambitionierte Aufgabe zu erfüllen, mussten die drei Partner zielgerichtet und äußerst strukturiert vorgehen. Aus allen drei Partnerunternehmen wurden Experten in das neu gegründete Unternehmen TÜVTÜRK entsandt, um sowohl die Stärken der Partner einzubringen als auch erfahrene Mitarbeiter im Unternehmen zu haben. In kürzester Zeit wurden professionelle Projektteams zusammengestellt, in denen sowohl türkische als auch deutsche Kollegen arbeiteten.

PRAXISERFAHRUNG

„Bei der täglichen Zusammenarbeit stellten wir schnell fest, dass sich die Denkweisen und Arbeitsmethoden der deutschen und türkischen Mitarbeiter in vielen Punkten voneinander unterschieden", erinnert sich Horst Schneider, damaliger Projektverantwortlicher und heutiger Vorstand der TÜV SÜD AG. „Insbesondere bei der Kommunikation gab es deutliche Unterschiede", so Schneider weiter. „Während wir es gewohnt waren, die meisten Dinge per E-Mail zu regeln, stand bei den türkischen Kollegen das persönliche Gespräch im Vordergrund."

2.2.3 Herausforderungen bei der Umsetzung des Projektes

Architektonische Planung

Eine der ersten Herausforderungen, die das junge Unternehmen zu meistern hatte, lag in der architektonischen Planung der zu errichtenden Prüfstellen. „Die klimatischen Bedingungen im Osten und Westen der Türkei unterscheiden sich voneinander", sagt Horst Schneider. „Unser Architekten-Team musste dies in seine Planungen mit einbeziehen. Wir haben deshalb zunächst zwei Pilot-Prüfstellen errichtet – eine in Yalova im Westen etwa 150 Kilometer entfernt von Istanbul, und eine in Elazığ im Osten, wo sich die Witterungsverhältnisse aber auch die infrastrukturelle Anbindung deutlich unterscheiden." Von Vorteil war hier natürlich die Expertise von TÜV SÜD im Bereich des Prüfstellenbaus. Die beiden Pilotprüfstellen erwiesen sich als äußerst hilfreich. Dadurch konnten die Baukonzepte, die Installation der Prüfmittel sowie die Schnittstellen zwischen Prüfmittel und IT unter Praxisbedingungen getestet werden. Außerdem dienten sie als Showroom für den weiteren Prüfstellenbau und als Muster für die Baufirmen-Akquise. Während des Ausbaus des Prüfstellen-Netzes kamen sie zudem als Trainingszentren für die neuen Mitarbeiter zum Einsatz.

Erfolgsmodell der Business Associates

Eine der Vorgaben der Ausschreibung war ein türkeiweites Prüfstellennetzwerk mit gleichen Strukturen von der bulgarischen bis zur iranischen Grenze – eine Entfernung von ca. 2.000 Kilometern. Die Regionen in der Türkei sind jedoch sehr heterogen und kulturell unterschiedlich. Dies betrifft auch die Art und Weise, wie Geschäfte betrieben werden. Um diesen regionalen Unterschieden gerecht zu werden, entschied man sich, die Prüfstellen in den einzelnen Provinzen durch lokale Partner, sogenannte Business Associates, zu betreiben, an welche jeweils einzelne Provinzen vergeben wurden.

Auswahlkriterien für diese Business Associates waren bereits bestehende Geschäftsbeziehungen in der Region sowie Erfahrung mit dem Erwerb von Grundstücken vor Ort. „Der Kauf bzw. die Anmietung des benötigten Baulandes hat uns immer wieder Kopfzerbrechen bereitet", erklärt Schneider. „Für jede der 189 Prüfstellen hatten wir einen Flächenbedarf von 6.000 bis 8.000 Quadratmetern. Insbesondere in den touristischen Regionen war Bauland rar oder als Wohngebiet ausgewiesen. Hinzu kamen dort auch noch Baueinschränkungen während der Sommermonate." Es wurden deshalb große Maklerunternehmen engagiert. Zum Erfolgsfaktor wurden aber die Business Associates: Durch ihre regionalen Kenntnisse konnten sie die geeigneten Grundstücke ausfindig machen. Oftmals verfügten sie sogar selbst über das benötigte Land.

Aufbau eines Mitarbeiterstamms

Gleichzeitig mit dem Prüfstellenbau begann die Anwerbung der Mitarbeiter. Auch diese Aufgabe hatte ein Maß, das deutlich über das gewohnte hinausging. Schließlich galt es, innerhalb von 18 Monaten mehr als 3.000 Prüfer zu finden und diese theoretisch und praktisch für ihre neuen Aufgaben auszubilden. Hierfür wurde zunächst eine Gruppe von hoch qualifizierten Ingenieuren mit praktischer Werkstatterfahrung gesucht. Sie sollten als Trainer fungieren und später weitere Prüfer im sogenannten „Train-the-Trainer"-Verfahren ausbilden. Da in der Bauzeit der Pilotprüfstellen noch keine Ausbildungsstätten zur Verfügung standen, erhielten die ersten Trainer direkt bei TÜV SÜD in Deutschland ihre Unterweisungen. Für die theoretische Ausbildung wurde zudem eine Kooperation mit einer lokalen Universität geschlossen, deren Campus während der vorlesungsfreien Zeit genutzt wurde. Mit der sukzessiven Fertigstellung einzelner Prüfstellen standen dann schließlich immer mehr Trainingsorte zur Verfügung. Insgesamt wurden mehr als 6.000 Vorstellungsgespräche geführt und für die praktischen Unterweisungen mehr als 4.500 Fahrzeuge aller Art angemietet.

2.2.4 Ergebnis

Trotz der gewaltigen Herausforderungen konnten alle 189 Prüfstellen fristgerecht ihre Arbeit aufnehmen.

TÜVTÜRK hat in den zehn Jahren seines Bestehens mehr als 30 Mio. Hauptuntersuchungen durchgeführt. Mit rund 7 Mio. Fahrzeugprüfungen im Jahr in der Türkei führt TÜV SÜD mittlerweile mehr Kfz-Prüfungen durch als in Deutschland (5,1 Mio.). Seit Umstellung des Fahrzeugprüfwesens ist die Anzahl der Verkehrstoten in der Türkei um rund 30 % gesunken.

Abb. 6: Sechsgassige TÜVTÜRK-Prüfstelle

PRAXISERFAHRUNG

„Als erfolgskritisch hat sich unser stringentes Projektmanagement erwiesen", fasst Horst Schneider zusammen. „Es war das Bindeglied zwischen allen komplexen Teilprojekten und den deutsch-türkischen Projektgruppen. Wir haben zwar unsere Expertise für alle technischen Prozesse, den Prüfstellenbau, die technische Ausstattung der Prüfstellen, die Produktionssoftware sowie das Training eingebracht, dennoch wäre damit allein eine Umsetzung in der geforderten Zeit nicht möglich gewesen. Maßgeblich zum Erfolg beigetragen haben unsere türkischen Partner Doğus und Akfen sowie die Business Associates vor Ort. Sie verfügten über das benötigte Know-how, über die regionalen Besonderheiten, der Expertise in der Bauüberwachung und der Projektarbeit mit den türkischen Regierungsstellen."

2.2.5 Das Unternehmen TÜV SÜD

TÜV SÜD ist ein führendes technisches Dienstleistungsunternehmen mit den Segmenten INDUSTRY, MOBILITY und CERTIFICATION. Das Leistungsspektrum umfasst Beratung, Prüfung, Tests und Gutachten sowie Zertifizierung und Ausbildung. Zielsetzung sind Zuverlässigkeit, Sicherheit und Qualität sowie Umweltschutz und Wirtschaftlichkeit. So stärkt TÜV SÜD die Wettbewerbsfähigkeit seiner Kunden weltweit.

1866 als Dampfkesselrevisionsverein gegründet, ist TÜV SÜD heute ein international tätiges, zukunftsorientiertes Unternehmen. Weltweit sorgen aktuell mehr als 20.000 Mitarbeiter für die Optimierung von Technik, Systemen und Know-how.

Das Spektrum der TÜV-SÜD-Dienstleistungen reicht im Segment INDUSTRY von der Unterstützung beim sicheren und zuverlässigen Betrieb von Industrieanlagen, Gebäuden und Infrastruktureinrichtungen bis zur Prüfung von Schienenfahrzeugen, Signalanlagen und Bahninfrastruktur.

TÜV-SÜD-Experten sind im Segment MOBILITY nicht nur für die Haupt- und Abgasuntersuchung von Fahrzeugen und Fahrerlaubnisprüfungen, sondern auch für die Unterstützung von Fahrzeugherstellern bei der Entwicklung und weltweiten Zulassung von neuen Modellen und Komponenten zuständig.

Das Segment CERTIFICATION umfasst die weltweite Prüfung von Marktfähigkeit und den Marktzugang von Produkten sowie Zertifizierung von Managementsystemen für alle Branchen; darüber hinaus bietet TÜV SÜD ein breites Spektrum von Schulungen für Beschäftigte aus Industrie, Handel und öffentlichem Dienst an.

3 Markteinstieg

Autoren: Ekkehard Redlhammer, Martin Woletz

3.1 Wirtschaftspolitischer Rahmen

Die deutsch-türkischen Wirtschaftsbeziehungen beruhen auf dem „Handels- und Zahlungsabkommen" von 1952, dem „Abkommen zur Förderung und zum Schutz von Investitionen" von 1962 und dem Vertrag zur Vermeidung von Doppelbesteuerung von 1985. 1994 wurde die Deutsch-Türkische Industrie- und Handelskammer nach dem türkischen Kammergesetz gegründet. Sie ist in dieser Form einzigartig.

Deutschland ist der wichtigste Exportmarkt der Türkei. 2011 wurden Waren im Wert von rd. 13,9 Mrd. € nach Deutschland exportiert. Das bedeutet einen Anstieg von rd. 21,7 % gegenüber 2010. Wie nach Österreich sind v. a. Bekleidungs- und Konfektionsartikel, Obst und Gemüse, Landkraftfahrzeuge und Haushaltsgeräte (elektrisch und nicht elektrisch) die wichtigsten Handelswaren. Umgekehrt ist die Türkei für Deutschland ebenfalls einer der wichtigsten Handelspartner und erreichte 2011 Rang 2 in der Statistik mit rd. 22,9 Mrd. € gegenüber 17,5 Mrd. € 2010. Die Steigerung beträgt über 30 %. Vor allem Maschinen, Fahrzeuge und verschiedene Maschinen, Apparate und Teile für die Energiegewinnung waren die wichtigsten Exportgruppen aus deutscher Sicht.

Die Direktinvestitionen Deutschlands in der Türkei betrugen 2011 605 Mio. €, während die Türkei im gleichen Zeitraum etwa 91 Mio. € in Deutschland investiert hat.

Die wirtschaftlichen Beziehungen zwischen Österreich und der Türkei stützen sich v. a. auf das „Protokoll für wirtschaftliche und technische Zusammenarbeit" aus dem Jahr 1954 und das „Abkommen zwischen der Republik Türkei und der Republik Österreich über gegenseitige Förderung und den Schutz von Investitionen" aus dem Jahr 1988. Darüber hinaus gibt es beinahe jährlich hochrangige Wirtschaftsdelegationen aus der Türkei nach Österreich und umgekehrt. Als ständige wirtschaftliche Vertretung ist die Außenwirtschaftsstelle der Wirtschaftskammer Österreich (AWO) in Ankara und Istanbul präsent.

Österreichs Handelsvolumen hat sich nach den Krisenjahren 2008 und 2009 wieder stabilisiert und 2011 ein Niveau von 2,3 Mrd. € erreicht. Die wichtigsten Importgüter, die Österreich aus der Türkei bezieht, sind Bekleidungsartikel und Konfektionskleidung, Obst und Gemüse, Haushaltsgeräte (elektrisch und nicht elektrisch) sowie Landkraftfahrzeuge und im Rohstoffbereich Aluminium.

In der Ausfuhr von Österreich in die Türkei sind vor allem Synthetik- und Kunstfasern, Papier und Pappe, Maschinen und elektrische Geräte sowie Pumpen, Kompressoren, Turbinen und andere Maschinen für die Energieerzeugung, aber auch Medikamente die wichtigsten Handelswaren.

Seit mehreren Jahren ist Österreich der größte Auslandsinvestor in der Türkei, was v. a. auf das Engagement im Banken-, Energie- und Infrastrukturbereich zurückzuführen ist. 2011 lag das Volumen der Direktinvestitionen Österreichs bei 1,8 Mrd. €.

Namhafte Unternehmen wie die OMV, Andritz Hydro oder Raiffeisen haben entscheidende Beteiligungen am türkischen Markt erwerben können, während beispielsweise die Celebi Holding den Bodenservice am Flughafen Wien übernommen hat.

Die Annäherung der Türkei an die EU und die gegenseitigen Bekräftigungen, einen EU-Beitritt der Türkei anzustreben, haben für ausländische – im Speziellen für europäische – Unternehmen eine zusätzliche Sicherheit für Geschäftsbeziehungen und Betriebsansiedlungen erwirkt. Neben den entsprechenden Arbeiten am EU-Beitritt der Türkei hat die Türkei auch durch diverse Erlasse und Programme die Importpolitik neu geregelt. Darin sind die großen Bereiche an landwirtschaftlichen Erzeugnissen, Industrieprodukten, landwirtschaftlichen Verarbeitungsprodukten, Fisch und Fischereierzeugnissen sowie Waren für die zivile Luftfahrt detailliert dargestellt.

3.2 Chancen und Risiken

Während dieser Ratgeber entstanden ist, ereigneten sich in der Türkei Proteste, die sich v. a. gegen die Regierung Erdogan richteten. Zahlreiche Demonstrationen am Taksim-Platz in Istanbul sowie in Österreich und Deutschland legen den Schluss nahe, dass die Türkei ein unsicheres Land ist und nur bedingt geeignet, zu investieren.

Doch wenn ein Unternehmer hinter die populistischen Kulissen blickt, wird er erkennen, dass keine der interessanten Volkswirtschaften, die eine Investitionsüberlegung rechtfertigen, frei von politischen, wirtschaftlichen oder gesellschaftlichen Unruhen ist.

China, Russland, Brasilien, Mexiko, Indien, Nordafrika und auch die Türkei zählen zu den für europäische Unternehmen interessantesten Fernmärkten. Und in allen Märkten gibt es in regelmäßigen Abständen Widerstände der Bevölkerung gegen Maßnahmen der Regierung.

Doch wer sich von vornherein gegen diese Märkte wehrt, der dürfte auch nicht in Süd-, Mittel- oder Osteuropa oder Nordamerika Geschäfte betreiben, denn selbst hier sind die wirtschaftlichen Rahmenbedingungen nicht stabiler oder einfacher als in den oben angeführten Märkten.

3.3 Investitionsklima

3.3.1 Der türkische Masterplan

Die Türkei möchte im Rahmen des Entwicklungsplans 2023 (= „Strategie 2023") (100-jähriges Jubiläum der Republikgründung) verstärkt folgende Branchen durch verschiedene Subventionsmöglichkeiten rasch entwickeln: Energiewirtschaft, Maschinen, Automobilindustrie, Chemie, Gesundheitswesen, Infrastruktur, Landwirtschaft, Lebensmittel, Tourismus, Umwelttechnologie, Verkehr und Logistik, Finanzdienstleistungen und Informations- und Kommunikationstechnologien.

Nähere Informationen zu den einzelnen Branchen und den Förderungen finden Sie auf der Webseite der *Investment Support and Promotion Agency*: www.invest.gov.tr.

Förderungsregionen der Türkei

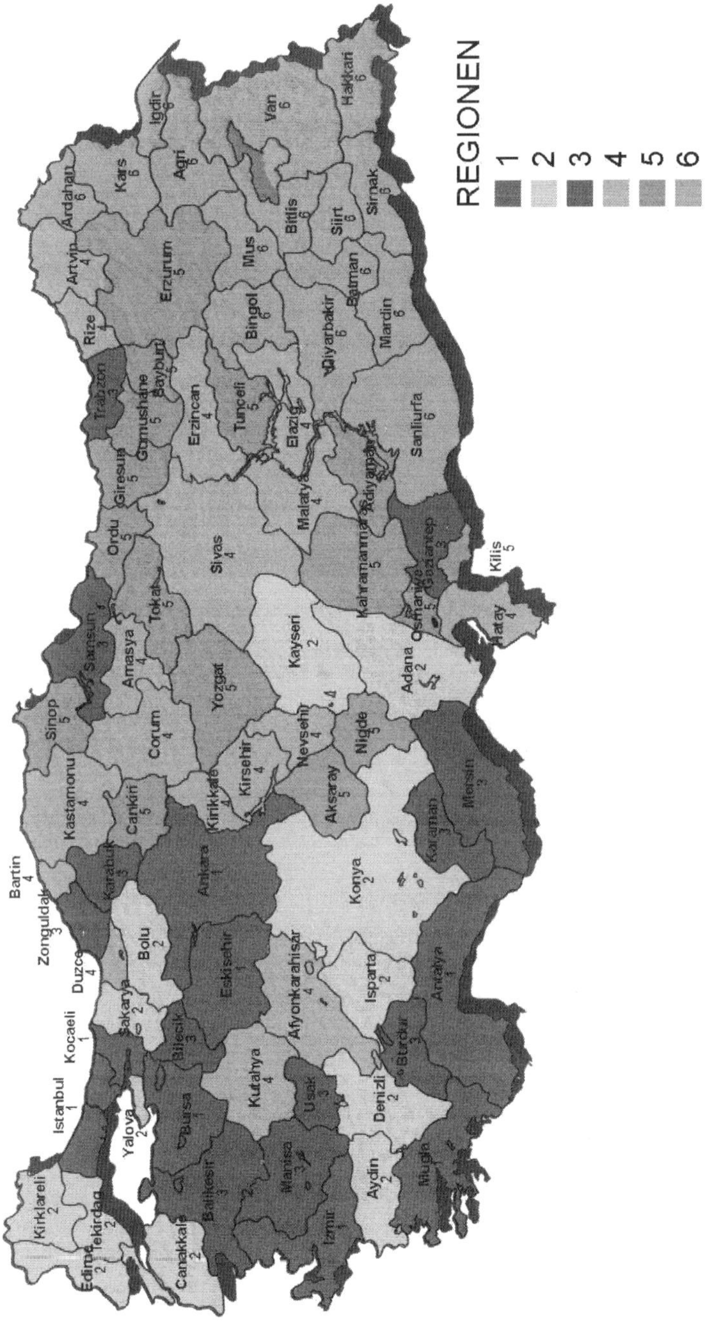

Abb. 7: Förderungsregionen in der Türkei
Quelle: Wirtschaftsministerium der Republik Türkei

3.3.2 Entwicklung in ausgewählten Branchen

3.3.2.1 Maschinenbau

Die Maschinenbauindustrie hat für die Türkei eine besondere Bedeutung aufgrund ihrer vielversprechenden Entwicklung und ihres Exportpotenzials. Sie verzeichnet seit 1990 eine jährliche Wachstumsrate von fast 20 %. Den Motor dieses Wachstums bilden äußerst wettbewerbsfähige und flexible kleine und mittelständische Unternehmen (KMU) mit hoch qualifizierten Arbeitskräften, die kostengünstiger sind als in anderen Ländern. Das hohe Niveau der türkischen Maschinenindustrie zeigt sich auch in ihrem inländischen Produktionsanteil von ca. 85 %, der nicht nur die Abhängigkeit von ausländischen Bezugsquellen verringert, sondern auch andere lokale Industriezweige mit Investitionen und fertigungstechnischem Know-how unterstützt. Damit übt die Maschinenindustrie eine entsprechende Multiplikatorwirkung auf die türkische Wirtschaft aus und ist von strategischer Bedeutung.

Insgesamt sind in der Türkei ca. 23.000 Betriebe der Branche Maschinen- und Anlagenbau zuzuordnen, wobei nach einer Schätzung des *Makina Imalatcilari Birliği* (MIB, Verband der türkischen Maschinenhersteller) maximal 4.000 Betriebe dem Maschinen- und Anlagenbau im engeren Sinne zugehören.

Die Zentren des türkischen Maschinenbaus liegen v. a. in der nordwestlichen Marmararegion sowie bei den Städten Izmir, Eskisehir, Ankara, Konya und Gaziantep. Der Werkzeugmaschinenbau konzentriert sich auf Bursa, Kocaeli, Istanbul, Izmir und Konya. In der südostanatolischen Provinz Gaziantep werden insbesondere Textil- und Nahrungsmittelmaschinen produziert.

Die türkische Maschinenbau- und Zubehörindustrie produziert ein breites Spektrum an Industriemaschinen auf internationalem Qualitätsniveau. Die Palette reicht von Konstruktions- und Bergbaumaschinen, Kraftturbinen, Pumpen und Verdichtern über Industrieöfen bis hin zu Gummi- und Kunststoffverarbeitungsmaschinen.

Etablierte Unternehmen in der Werkzeugmaschinensparte sind die Unternehmen Durmazlar und Ermaksan, das mittlerweile über 700 Mitarbeiter beschäftigt. Im Bereich der Kunststoff- und Gummimaschinenindustrie führend sind Mikrosan Makine sowie Kuatro Plast. Auf dem Sektor der Bau- und Baustoffmaschinen ist das Unternehmen Hidromek mit vier Produktionseinheiten im Raum Ankara von großer Bedeutung. Weitere Leitbetriebe im Maschinenbau sind Remas (Minen- und Keramikindustrie), Tolkar Smartex (Textil- und Kleidungsindustrie), Balkan Textile (Faserverarbeitung), Erhas (Verpackungsindustrie) oder das Unternehmen Disan Hydraulik (Recyclingsparte).

Das Wachstum der Maschinenbauindustrie belief sich 2010 auf 32,6 % und 2011 auf 22,3 %. In absoluten Werten betrug die Maschinenproduktion in der Türkei im Jahr 2011 rd. 25,5 Mrd. USD.

Im Jahr 2011 exportierte die Türkei Maschinen in Wert von 10,5 Mrd. USD. Demgegenüber ist der Import von Maschinen im Jahr 2011 im Vorjahresvergleich um 27,5 % auf ca. 23,7 Mrd. USD gestiegen. Der hohe Importanteil ist durch einen nach wie vor höheren technischen Entwicklungsstand ausländischer Unternehmen zu erklären. Daraus ergibt sich ein Handelsvolumen im Maschinen- und Anlagenbau im Jahr 2011 von rd. 38,5 Mrd. USD. Zu den wichtigsten Exportmärkten zählen Deutschland, Frankreich, Großbritannien, Italien und der Iran. Umgekehrt stammen die von der Türkei importierten Maschinenprodukte überwiegend aus China, Deutschland, Italien, Frankreich und den USA. Weltweit rangiert die Türkei im Maschinenbau an 16. Stelle und in Europa auf dem siebten Rang (Quelle: Gardner Publications Inc.).

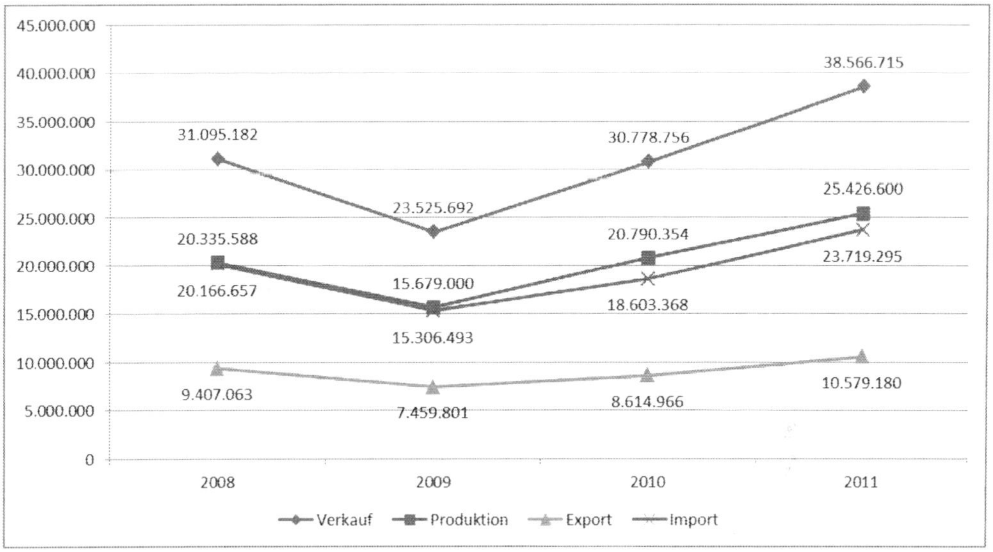

Abb. 8: Kennzahlen des türkischen Maschinenbausektors (in 1.000 USD)
Quellen: MIB – Verband der türkischen Maschinenhersteller, Turkey Statistics Institute

Beschaffungsmarkt Türkei

Beschaffung in der Türkei hat Vorteile wie eine gute Qualität, eine hohe Qualifikation der Arbeitnehmer, ein wettbewerbsfähiges Preisniveau, kurze Transportwege und auch ein ausgeprägtes Verständnis für den deutschsprachigen Markt. Doch die Geschäftsbeziehung benötigt klare Vorgaben und persönlichen Kontakt. Wer jedoch nur schriftlich in Kontakt tritt – möglicherweise auf Deutsch –, kommt nicht weit bei türkischen Lieferanten. Empfohlen werden ein erster Kontakt auf Messen, das Nachfassen per E-Mail, Telefon und schließlich der persönliche Besuch, im besten Fall die gemeinsame Entwicklung mit dem Lieferanten. Wichtig ist es auch, die Anforderungen an die gewünschten Produkte sehr genau zu spezifizieren und auch ein besonderes Augenmerk auf Regelungen zur Abwicklung (Termintreue, Logistik) zu legen.

Trends und Entwicklungen

Aufgrund eines gestiegenen Nachfragevolumens investieren türkische Betriebe vermehrt in die Modernisierung ihrer Produktionsanlagen, wodurch besonders Werkzeugmaschinen benötigt werden. Der in der Türkei bestehende Maschinenpark gilt im Vergleich zu Westeuropa nach wie vor in vielen Bereichen als veraltet und erfordert entsprechende Investitionen, um den steigenden Qualitätsansprüchen der Industrie wie der Endverbraucher gerecht zu werden. Dies betrifft insbesondere die Kfz-Industrie, die Unterhaltungselektronik und den Bereich von elektrischen Haushaltsgeräten.

Um die Wettbewerbsfähigkeit in diesem Bereich noch zu verbessern, hat die türkische Regierung zahlreiche Maßnahmen gesetzt. Dazu zählt insbesondere eine Verbesserung der finanziellen Rahmenbedingungen für ausländische Investoren, um das Investitionsvolumen zu steigern, aber auch eine Orientierung auf nachhaltige Berufsausbildung sowie Forschung und Entwicklung. Aufgrund der Schwächen im Hightechsektor wurden und werden gerade hier zusätzliche strukturelle und fiskalische Maßnahmen gesetzt. Neben dem Ausbau des Glasfasernetzwerks sollen mit Steuerbefreiungen Hightech-Start-ups und Risikokapitalgeber subventioniert werden. Geplant ist neben einer Befreiung von Gewinnbesteuerung bei Investitionen auch eine Reduktion der Steuerlast in anderen Unternehmensbereichen. Bis zum Jubiläumsjahr 2023, in dem das Land sein 100-jähriges Bestehen feiert, soll die Hochtechnologieindustrie im Maschinen- und Anlagenbau einen Anteil am Weltmarkt von 2,3 % erreichen, wofür eine jährliche Wachstumsrate von 17,8 % notwendig ist. Gleichzeitig wurden für 2013 auch ehrgeizige Exportziele festgelegt. Um das angestrebte Exportvolumen von 100 Mrd. USD mit einem Anteil von 2,3 % am Weltmarkt zu erreichen, muss die türkische Maschinenindustrie bis 2023 eine jährliche Gesamtwachstumsrate von 17,8 % erreichen. Bis dahin wird der Anteil des Sektors an den türkischen Exporten voraussichtlich beachtliche 18 % betragen.

Verbände

Der **Verband der türkischen Maschinenhersteller** (*Makina Imalatcilari Birliği* – MIB, www.mib.org.tr) wurde im Jahr 1990 als Nicht-Regierungsorganisation gegründet und ist die größte nationale Organisation auf dem Gebiet der Maschinen in der Türkei. Ende 2012 hat der MIB über 150 Mitgliedsunternehmen. Der Verband repräsentiert nicht nur die Hersteller von Werkzeugmaschinen, sondern verschiedene Unternehmen, die in der Herstellung von Maschinen, Maschinenenteilen, Zubehör und Werkzeugen tätig sind.

Der **Verband der türkischen Landmaschinen-Hersteller** (*Turkish Association of Agricultural Machinery an Equipment Manufacturers* – TARMAKBR, www.tarmakbir.org) wurde 1978 gegründet. Der älteste Verband in der Türkei wurde 1978 gegründet und hat rund 240 Mitglieder.

In der **Vereinigung der türkischen Textilmaschinen-Industrie** (TEMSAD, www.temsad.com) sind rd. 130 Hersteller von Textilmaschinen, Ersatzteilen und Textilchemikalien organisiert. TEMSAD wurde 1998 mit dem Ziel gegründet, das positive Image der türkischen Textilmaschinen in den lokalen und internationalen Märkten zu fördern.

Die **Exportvereinigung der Maschinen- und Maschinenbauteile** der Türkei (MAIB) wurde im Jahr 2002 gegründet und besteht aktuell aus 8.000 Mitgliedern. Die wichtigste Aufgabe des Verbandes ist die Koordination aller Aktivitäten bzgl. der Exportmärkte und das hieraus resultierende Wachstum in der Maschinenbranche zu koordinieren. Um die Potenziale der türkischen Maschinenhersteller im Ausland besser präsentieren zu können, bestehende Kooperationen auszubauen und bilaterale Geschäftsbeziehungen zu planen und zu intensivieren, wurde innerhalb der Exportvereinigung eigens die **Promotionsgruppe Maschinen** (*Makine Tanıtım Grubu* – MTG, www.turkishmachinery.org) 2007 ins Leben gerufen. Neben der weltweiten Bewerbung türkischer Maschinen und türkischen Zubehörs organisiert die MTG auch Aktivitäten im Bereich der Markenentwicklung sowie Forschung und Entwicklung.

3.3.2.2 Automotive

Der Automotive-Sektor gehört zu den bedeutendsten Wirtschaftssektoren der Türkei und ist in den letzten sieben Jahren in Folge die Nummer eins der Exportwirtschaft. Seit ihrem Beginn in der Mitte der 1950er-Jahre hat sich der Sektor von fertigungsorientierten Partnerschaften zu einem eigenständigen Industriezweig mit eigenem Design und einer umfassenden Produktionskapazität entwickelt. Die heutige Automobilindustrie der Türkei erreicht internationale Qualitäts- und Sicherheitsstandards und ist mit ihrer wertschöpfenden Produktion hochgradig effizient und wettbewerbsfähig. Die geografische Nähe des Landes zu Europa und Asien macht die Türkei zu einem attraktiven Produktionsstandort mit qualifizierten Arbeitskräften und im Vergleich zu EU-Ländern niedrigeren Lohnkosten.

Mit über 1 Mio. produzierten Fahrzeugen nimmt die Türkei im Ranking der größten Automobilproduzenten weltweit den 16. Platz ein und liegt auf Platz 6 im Ranking Europas größter Automobilnationen. Gleichzeitig ist das Land der größte Produzent von Nutzfahrzeugen und zweitgrößter Busproduzent in Europa.

Position	Land	Pkw	NFZ	Gesamt
1	China	15.523.658	3.748.150	19.271.808
2	USA	4.105.853	6.223.031	10.328.884
3	Japan	8.554.219	1.388.492	9.942.711
4	Deutschland	5.388.456	260.813	5.649.269
5	Südkorea	4.167.089	394.677	4.561.766
6	Indien	3.285.496	859.698	4.145.194
7	Brasilien	2.623.704	718.913	3.342.617
8	Mexiko	1.810.007	1.191.967	3.001.974
9	Kanada	1.040.298	1.423.434	2.463.732
10	Thailand	945.100	1.484.042	2.429.142
11	Russland	1.968.789	262.948	2.231.737
12	Spanien	1.539.680	439.499	1.979.179
13	Frankreich	1.682.814	284.951	1.967.765
14	UK	1.464.906	112.039	1.576.945
15	Tschechien	1.171.774	7.164	1.178.938
16	Türkei	576.660	495.679	1.072.339
17	Indonesien	743.501	322.056	1.065.557
18	Iran	871.997	141.564	1.013.561
19	Slowakei	900.000	0	900.000
20	Argentinien	497.376	267.119	764.495
21	Italien	396.817	274.951	671.768
22	Polen	540.000	107.803	647.803
23	Malaysia	509.621	59.999	569.620

Position	Land	Pkw	NFZ	Gesamt
24	Belgien	507.204	34.670	541.874
25	Südafrika	274.873	264.551	539.424

Tab. 5: Die weltweit 25 größten Fahrzeugproduzenten, in Einheiten Pkw bzw. NFZ 2012
Quelle: International Organization of Motor Vehicle Manufacturers – OICA

Der Sektor umfasst insgesamt 17 in- und ausländische Hauptproduzenten und ein Netzwerk von rd. 4.000 Unternehmen aus untergeordneten Industriezweigen. Er beschäftigt rd. 300.000 qualifizierte Arbeitnehmer. Die Gesamtkapazität der türkischen Fahrzeugindustrie beträgt 1,6 Mio. Fahrzeuge, davon entfallen 1,4 Mio. (86 %) auf leichte Fahrzeuge (Pkw, Kleinbusse und Pick-ups). Die Gesamtfahrzeugproduktion betrug im Jahr 2011 insgesamt 1.189.131 Einheiten (ausgenommen Traktoren), was einen Rekord für die türkische Automobilindustrie darstellt.

	2006	2007	2008	2009	2010	2011
Pkw	545.682	634.883	621.567	510.931	603.394	639.734
Trucks	37.026	34.544	36.800	8.246	23.671	37.396
Pick-ups	369.862	391.737	449.434	330.044	442.408	479.110
Busse	6.019	6.946	7.581	5.931	5.268	6.907
Minibusse	20.728	21.999	21.123	11.829	19.978	22.475
Midibusse	8.263	9.305	10.605	2.624	2.658	3.509
Total	**987.580**	**1.099.414**	**1.171.917**	**869.605**	**1.094.557**	**1.189.131**
Traktoren	38.847	33.518	24.807	14.861	30.425	45.506

Tab. 6: Türkische Fahrzeugproduktion 2006 bis 2001
Quelle: Automotive Manufacturers Association – OSD

Heute produzieren in der Türkei 13 Unternehmen Personenkraftwagen, Busse, Lastwagen, Pick-ups, Mini- und Midibusse und Anhänger. Fünf Unternehmen produzieren Pkw (Fiat, Honda, Hyundai, Renault, Toyota), zehn Unternehmen sind mit der Herstellung von Pick-ups und Trucks befasst (Anadolu Isuzu, BMC, Ford Otosan, Hyundai, Karsan, MAN, Mercedes-Benz, Otokar, Temsa, Tofaş) und neun Unternehmen produzieren Busse und Minibusse (BMC, Ford, Hyundai, Anadolu Isuzu, Karsan, MAN, Mercedes-Benz, Otokar, Temsa). Ergänzend dazu sind fünf Unternehmen in der Traktoren-Produktion tätig. Führend sind hierbei die Unternehmen Türk Traktör und Tümosan.

Nach der Reihung von Kapazitätsgrößen sind Renault, Fiat, Ford, Hyundai, Mercedes-Benz, Isuzu und MAN erfolgreiche Joint-Venture-Betriebe. Unternehmen wie Toyota und Honda sind ausländische Niederlassungen, die nur Pkw herstellen. 100 % türkische Hersteller sind Otokar und BMC, wobei Karsan und Temsa gleichzeitig als Lizenzvertreter von jeweils Peugeot und Mitsubishi tätig sind. Das größte Produktionszentrum ist die Industriestadt Bursa, die auch wichtigster Standort für die Herstellung von Motoren ist.

	2006	2007	2008	2009	2010	2011
Anadolu Isuzu	7.445	7.842	10.007	1.817	3.292	4.324
BMC	11.679	10.369	8.736	3.167	3.342	3.724
Ford Otosan	258.126	286.356	268.761	173.456	242.070	295.850
Honda Türkiye	18.322	23.663	50.073	18.274	20.305	12.341
Hyundai Assan	60.895	90.190	81.590	48.652	77.000	90.231
Karsan	12.524	9.720	11.230	8.313	24.719	22.146
MAN Türkiye	2.501	2.069	1.696	1.544	1.132	1.610
Mercedes-Benz Türk	15.209	19.014	20.800	6.492	14.480	21.362
Otokar	2.775	2.534	3.023	2.560	2.236	3.062
Oyak Renault	228.593	263.656	286.695	277.572	307.083	330.994
Temsa	8.915	9.328	10.542	2.414	3.367	4.060
Tofaş-Fiat	178.434	212.493	267.436	94.179	312.245	307.788
Toyota	176.688	161.516	126.521	72.264	83.286	91.639
Total	**987.580**	**1.099.414**	**1.147.110**	**869.605**	**1.094.557**	**1.189.131**

Tab. 7: Türkische Fahrzeugproduktion 2000 bis 2011 nach Herstellern
Quelle: Automotive Manufacturers Association – OSD

Rund 70 % der inländischen Produktion mit einem Wert von ca. 19 Mrd. USD werden exportiert. Die Hauptabnehmerländer sind Deutschland, Frankreich, Italien, UK, Russland, USA, Belgien, Spanien, Rumänien, Niederlande, Algerien, Slowenien, Polen, Israel, Iran, Schweden, Irak und Argentinien gefolgt von Österreich.

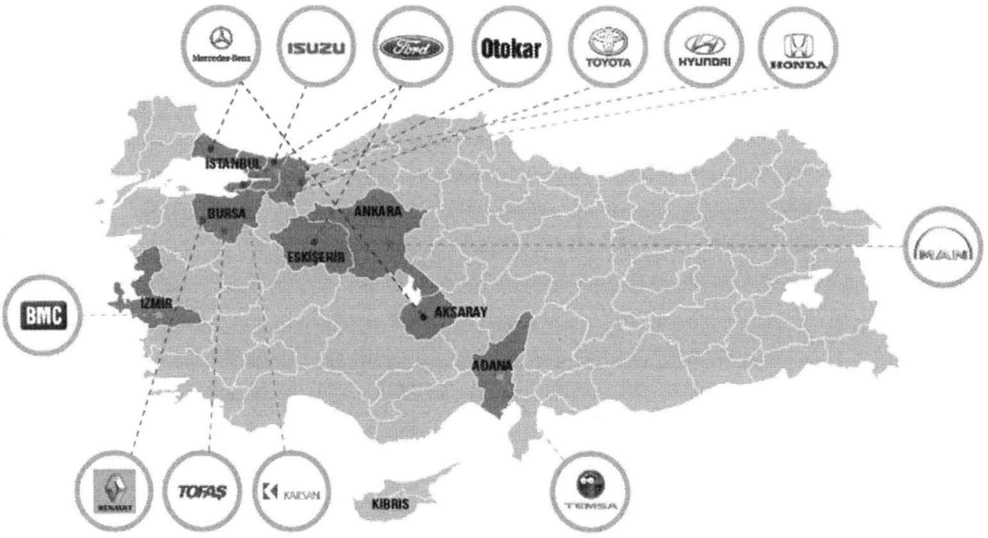

Abb. 9: Automobilhersteller in der Türkei
Quelle: ODD

Der Absatzmarkt für Personenkraftwagen

Im Inlandsmarkt wurden 2012 rd. 817.000 Fahrzeuge (inkl. Bussen, Lkw) verkauft. Davon stammen 305.000 Kraftfahrzeuge aus der eigenen Produktion. Die restlichen 513.000 Kraftfahrzeuge wurden importiert.

Der Kfz-Markt in der Türkei birgt ein erhebliches Wachstumspotenzial, da 75 % der Haushalte noch keinen Pkw haben und der aktuelle Bestand mit 110 Fahrzeugen je 1.000 Einwohner weit unter dem europäischen Durchschnitt liegt. Einer der wichtigsten Automobilmärkte wird dabei die Region Istanbul sein, die über eine relativ hohe Kaufkraft, ein starkes Wirtschaftswachstum und eine geringe Autodichte verfügt.

Die Firma Dogus Otomotiv (Dogus-Gruppe) hält die exklusiven Import- und Vertriebsrechte für die Marken VW, Audi, Porsche, Bentley, Lamborghini, Seat, Škoda, Scania und Krone und ist bei den Verkäufen mit einem Anteil von 14,5 % Marktführer, gefolgt von Ford (13,7 %), Fiat-Tofaş (13,3 %), Renault (11,5 %) und Opel (6,4 %).

Der Absatzmarkt für leichte Nutzfahrzeuge (LCV)

Laut OSD besteht der leichte Nutzfahrzeugmarkt zum großen Teil aus der einheimischen Produktion (59 %) und ist in den letzten Jahren stark gewachsen. Während 2001 die Größe des Marktes nur bei etwa 52.000 lag, umfasste er 2012 rd. 270.000 Einheiten, was einem Anteil von 30 % am gesamten Automotive-Markt entspricht. Ein wichtiger Faktor für dieses Wachstum ist v. a. auch die steigende Anzahl von den KMUs in der Türkei.

Der Absatzmarkt für schwere Nutzfahrzeuge (HCV)

Im Vergleich zu den anderen Märkten verfügt der schwere Nutzfahrzeugmarkt mit einer Marktgröße von nur 5 % über einen geringeren Anteil am gesamten Markt. Doch mit der Erhöhung um 54 % im Jahr 2012 darf man den Markt nicht unterschätzen. Der Höhepunkt des gesamten Marktes in der Zehnjahresperiode wurde mit 48.000 Einheiten im Jahr 2005 erreicht. Aufgrund der globalen Wirtschaftskrise wurden Rückgänge vermerkt, doch darauf folgten wieder Jahre mit Wachstum. Die Produktion am Binnenmarkt hat hier eine deutliche Dominanz. Die Importanteile am Markt werden mit 25 bis 30 % beziffert. Dies entspricht einem Importanteil von 2 % am gesamten türkischen Automotive-Markt.

Automarke	**türkische Produktion**	**Importe**	**Gesamtabsatz**
FORD	72.641	60.636	133.277
FIAT	111.487	17.382	128.869
OYAK-RENAULT	86.826	32.662	119.488
VOLKSWAGEN	0	81.911	81.911
OPEL	0	54.437	54.437
HYUNDAI	29.291	19.714	49.005
TOYOTA	10.195	27.801	37.996
PEUGEOT	9.467	25.448	34.915
CITROËN	6.712	23.727	30.439
CHEVROLET	0	23.610	23.610
DACIA	0	21.339	21.339
MERCEDES-BENZ	0	21.025	21.025
NISSAN	0	20.319	20.319
BMW	0	15.018	15.018
HONDA	7.418	5.891	13.309
AUDI	0	12.064	12.064
KIA	0	10.494	10.494
MITSUBISHI	397	7.645	8.042
ŠKODA	0	7.590	7.590
SEAT	0	6.059	6.059
VOLVO	0	4.662	4.662
DFM	0	3.407	3.407
KARSAN	3.027	0	3.027
ISUZU	613	2.296	2.909
LAND ROVER	0	2.139	2.139
CHERY	0	2.045	2.045
SSANGYONG	0	1.896	1.896
TATA	0	1.857	1.857

Automarke	türkische Produktion	Importe	Gesamtabsatz
MAZDA	0	1.848	1.848
IVECO	0	1.833	1.833
MINI	0	1.735	1.735
GEELY	0	1.405	1.405
SUZUKI	0	1.340	1.340
PROTON	0	1.113	1.113
ALFA ROMEO	0	898	898
JEEP	0	888	888
SUBARU	0	761	761
PORSCHE	0	442	442
DAIHATSU	0	379	379
LANCIA	0	178	178

Tab. 8: Absatz von Pkw und leichten Nutzfahrzeugen nach Marken und nach Einheiten Fahrzeuge, 2011 Quelle: ODD

Der Absatzmarkt für Traktoren

Seit 2001 ist der Absatz von Traktoren in der Türkei um über 340 % gestiegen und liegt nun bei 60.466 Einheiten. Alleine von 2010 auf 2011 hat der Absatz um etwa 60 % zugenommen. Die Absätze aus der Produktion betrugen 2011 45.529 Stück, die Importe machten 25 % der gesamten Absätze aus und betrugen 14.937 Stück.

Der Zuliefermarkt

Trotz der wettbewerbsfähigen türkischen Zulieferindustrie müssen viele Kfz-Teile importiert werden. Im Jahr 2011 führte die Industrie Kfz-Teile und -Komponenten im Wert von 12,6 Mrd. USD ein, was einer Steigerung von 27,5 % im Vergleich zum Vorjahr entspricht. Die Tendenz bei den Importen ist weiterhin steigend. Rund 85 % der Nachfrage der heimischen OEMs (*Original Equipment Manufacturers*) sowie des Ersatzteilemarktes werden von der türkischen Zulieferindustrie abgedeckt, die darüber hinaus knapp 90 % der Produktion an Produktionsstätten v. a. in Europa exportiert. Die Zulieferunternehmen befinden sich überwiegend in Istanbul, Bursa und Izmir. Obwohl es über 1.000 Zulieferunternehmen am türkischen Automotive-Markt gibt, sind nur rd. 350 von ihnen in der Lage, aufgrund der Produktionsstandards auch direkt an OEMs zu liefern und international wettbewerbsfähig zu sein.

Eines der größten Autozulieferunternehmen, MAGNA, ist seit 2003 Zulieferer von Ford und betreibt in Kocaeli zwei Anlagen. Bosch Sanayi ve Ticaret A.S. (türkische Bosch-Tochtergesellschaft) ist im Bereich Kraftstoffeinspritzaggregate für Kfz-Motoren stark vertreten. Die Ako-Gruppe produziert Kfz-Reifen und die Inci-Holding Radfelgen. Weitere bekannte Zulieferunternehmen sind u. a. Goodyear, ZF, BriSA, Federal Mogul oder Valeo Otomotiv.

Die türkische Kfz-Zulieferindustrie bietet weltweite Standards für Teile und Komponenten unterschiedlicher Kfz-Arten, wie z. B. komplette Motoren und Motorteile, Übertragungssysteme, Bremssysteme und Komponenten, hydraulische und pneumatische Komponenten, Abdichtungen, Fahrwerksteile, Sicherheitsfeatures, Gummi und Gummiteile, Chassis-Teile und -Komponenten, Schmied- und Gussteile, elektrische Geräte und Beleuchtung, Batterien, Autoglas und Sitze.

Trends/Entwicklungen

Für die nahe Zukunft hat sich die türkische Automobilindustrie ambitionierte Ziele gesetzt, darunter das Erreichen von 2 Mio. Einheiten in der Fahrzeugproduktion, ein Exportvolumen in Höhe von 50 Mrd. USD, die Umsetzung verschiedener Projekte in den Bereichen Forschung und Entwicklung sowie Planung und Design im Wert von mehreren Mrd. USD und die Gründung eines Automobil-Produktionszentrums mit 600.000 Beschäftigten zur Herstellung von weltweit anerkannten Qualitätsprodukten mit hohem Mehrwert.

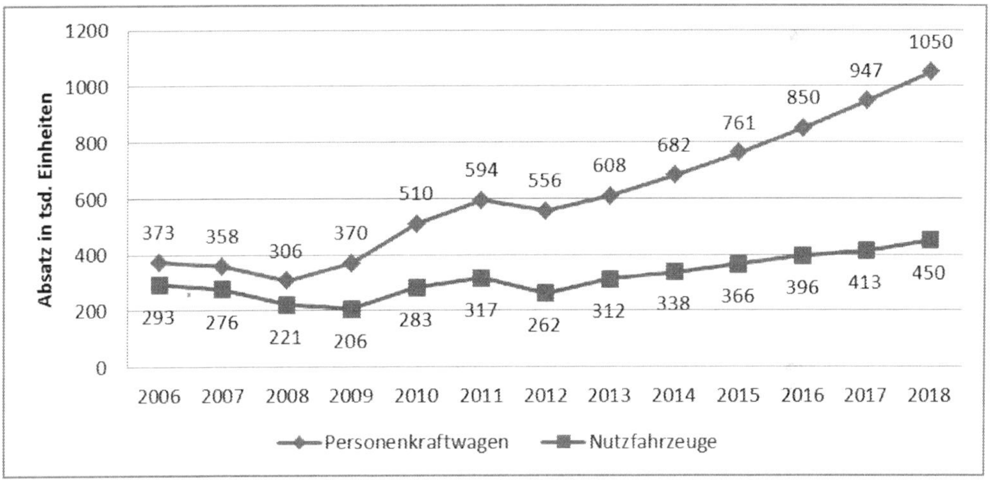

Abb. 10: Absatzentwicklung und Prognose von Pkw und Nutzfahrzeugen für den türkischen Markt bis 2018
Quelle: ODD

Die türkische Regierung sieht in diesem wichtigen Exportsektor ebenfalls großes Potenzial und hat für Investitionen im Automotive-Bereich großzügige Förderungen und Steuervergünstigungen angekündigt. So sollen die Produktion von Elektroautos sowie die Entwicklung eines eigenen türkischen Fahrzeugmodells stark subventioniert werden. Die ambitionierten Pläne der Regierung sehen außerdem vor, die Exporte der Automobilindustrie bis zum 100-Jahre-Jubiläum der türkischen Republik im Jahr 2023 auf ein Volumen von 75 Mrd. USD zu steigern.

Neben den professionellen Verbänden und Vereinigungen wie dem Verband der Automobilhersteller (OSD), dem Verband der Automobildistributoren (ODD), dem Verband der Teile- und Komponentenhersteller in der Automobilindustrie (TAYSAD) oder dem Dachverband der Teile- und Komponentenexporteure in der Automobilindustrie (UTAYSB) bringen auch Forschungs- und Förderungsplattformen den Sektor aktiv voran, darunter das

Forschungs- und Entwicklungszentrum für Automobiltechnologien (OTAM) und der Förderausschuss der Automobilindustrie (OETK). Die globale Position des türkischen Automobilsektors wird durch internationale Beziehungen und die Repräsentation durch diese Institutionen noch verstärkt.

Marktchancen und Marktbearbeitung

Die wirtschaftliche Entwicklung des Landes, die steigende Kaufkraft, aber auch das Volumen und die Steigerung der Nachfrage machen den türkischen Automotive-Markt sehr attraktiv für die Akteure des Sektors.

Für die Marktbearbeitung in der Türkei ist eine Präsenz vor Ort durch eine eigene Niederlassung von hoher Bedeutung, da türkische Kunden großen Wert auf Service und Kundenbetreuung legen. Vorteile einer eigenen Niederlassung sind der direkte Kundenkontakt sowie die flächendeckende und strategische Marktbearbeitung, die durch einen selbstständigen Handelspartner meist nicht gewährleistet werden kann.

Gesetzliche und sonstige Rahmenbedingungen

Die EU hat mit der Türkei eine **Zollunion.** Das heißt, Waren (bis auf wenige Ausnahmen), die mit EUR.1-Zertifikat oder A.TR.-Dokument eingeführt werden, sind zollfrei. Jeder Import bedarf einer Zolldeklaration.

Kraftfahrzeuge unterliegen in der Türkei einer Sonderverbrauchssteuer, die sich abhängig vom Hubraum des Fahrzeugs wie folgt berechnet:

- Personenkraftwagen mit einem Hubraum bis 1.600 ccm: 37 %
- Personenkraftwagen mit einem Hubraum von mehr als 1.600 ccm bis 2.000 ccm: 80 %
- Personenkraftwagen mit einem Hubraum von mehr als 2.000 ccm: 130 %

Die Mehrwertsteuer für Kraftfahrzeuge liegt bei 18 %. Sowohl die Sonderverbrauchssteuer als auch die Mehrwertsteuer sind zusätzlich zum Kaufpreis zu bezahlen. Aus Kostengründen werden daher in der Türkei oft Kleinwägen von Fiat, Peugeot, Renault oder Ford bevorzugt.

Kurzsteckbriefe der Fahrzeugproduzenten in der Türkei

Anadolu Isuzu ist ein Joint Venture zwischen der türkischen Anadolu Group, Isuzu Motors und der Itochu Corporation. Schwerpunkt ist die Herstellung und Vermarktung von Nutzfahrzeugen, inkl. Leichtlastkraftwagen, Lastkraftwagen, Pick-ups und Midibussen.

BMC ist einer der führenden türkischen Nutzfahrzeughersteller und ist im Besitz der Çukurova Holding. BMC bietet eine breite Produktpalette an, angefangen von Bussen über leichte und schwere Nutzfahrzeuge bis hin zu militärischen Fahrzeugen. Mit einer Produktionskapazität von 22.000 Fahrzeugen pro Jahr exportiert BMC weltweit in über 70 Länder.

Ford Otosan ist ein Joint Venture von Ford und Koc Holding. Das Unternehmen ist seit elf Jahren Marktführer der türkischen Automobilindustrie und beschäftigt in seinen vier Werken in Kocaeli und Inonu, im Ersatzteilvertriebszentrum in Kartal, Istanbul, sowie im Technologiezentrum im Technopark Gebze knapp 10.000 Mitarbeiter. Mit 1.300 Ingenieuren besitzt Ford Otosan in der Türkei eine der größten F+E-Einrichtungen der Branche.

Honda stellt seit 1998 in seinem Werk in Gebze bei Istanbul Personenkraftwagen her. Die Produktionskapazität des Werks beträgt 50.000 Einheiten jährlich, wobei bislang lediglich 15.000 Fahrzeuge produziert worden sind und daher eine Produktionserweiterung um neue Modellreihen geplant ist.

Hyundai Assan produziert Pkw, Pick-ups und Kleinbusse. Das Unternehmen ist ein Joint Venture zwischen der südkoreanischen Hyundai Motor Company und der türkischen Kibar Holding. Das Werk in Izmit/Kocaeli verfügt über eine Produktionskapazität von 100.000 Fahrzeugen und ist das letzte Pkw-Werk von Hyundai in Europa. Mit einem Investitionsprogramm soll die Jahreskapazität auf 200.000 und die Mitarbeiteranzahl von 1.600 auf 2.400 erhöht werden.

Karsan mit Sitz in Bursa produziert seit 1966 Nutzfahrzeuge für internationale Märkte, aber auch die eigene lokale Marke. Das Werk in Akçalar verfügt über eine jährliche Produktionskapazität von rd. 100.000 Fahrzeugen und produziert mit über 1.000 Mitarbeitern v. a. Transporter, Busse und Minibusse. Lizenzpartner hierbei sind Renault, Citroën und Hyundai.

MAN Türkei hat seine Tätigkeit als erste MAN-Produktionsstätte außerhalb Deutschlands 1966 begonnen und ist heute eine der wichtigsten Produktionsstätten von MAN-Lastwagen und -Bussen. Das MAN-Werk in Akyurt (Ankara) stellt auf einem mehr als 300.000 Quadratmeter großen Areal v. a. städtische, Langstrecken- und Mittellangstreckenbusse her.

Mercedes-Benz Türk wurde 1967 als Joint Venture zwischen der Daimler-Benz AG, Mengerler Handel und Hasan Automotive unter dem Namen Otomarsan gegründet. In zwei Werken in Aksaray und Hodere/Istanbul werden Lkw und Busse hergestellt. Das Unternehmen ist der größte Fullsize-Bushersteller in der Türkei.

Otokar produziert seit 1963 Nutzfahrzeuge sowohl für den zivilen als auch militärischen Bereich. Das Unternehmen gehört zur Koc-Gruppe und produziert mit 1.200 Mitarbeitern in seinem Werk in Sakarya Vans, Kleinbusse, Pick-ups, Polizeifahrzeuge und mobile Patrouillenfahrzeuge.

Oyak Renault ist mit einer Jahresproduktion von über 330.000 Fahrzeugen der größte Hersteller von Personenkraftwagen in der Türkei. Oyak Renault ist ein Joint Venture von Renault und der türkischen Oyak-Gruppe.

Temsa ist der führende türkische Hersteller von Bussen. Die Produktionskapazität des Werks in Adana beträgt 4.000 Busse und Reisebusse und 7.500 leichte Nutzfahrzeuge pro Jahr. Das Unternehmen verkauft seine Produkte in 64 Länder weltweit (v. a. Europa) und ist gleichzeitig auch Vertriebspartner für Mitsubishi und Komatsu in der Türkei.

Tofaş ist ein Joint Venture von Fiat Auto und der Koç-Holding und ist der einzige Hersteller in der Türkei, der sowohl Pkw als auch leichte Nutzfahrzeuge produziert. Mit 400.000 Einheiten pro Jahr verfügt Tofaş über die größte Produktionskapazität in der Türkei und ist in seinem Werk in Bursa für fünf Marken tätig (Fiat, Citroën, Peugeot, Opel und Vauxhall). Mit einer Produktion von 256.000 Fahrzeugen im Jahr 2012 (davon gingen 154.000 in den Export) behauptet Tofaş seine Position als einer der größten Hersteller und Exporteure in der türkischen Automobilindustrie.

Toyota Motor Manufacturing Türkei ist mit einer jährlichen Produktionskapazität von 150.000 Einheiten das drittgrößte europäische Produktionswerk von Toyota und gleichzeitig eines der größten Fertigungsunternehmen in der Türkei. Das Werk in Arifiye/Sakarya produziert die Modelle Verso und Corolla für über 50 Länder und beschäftigt rd. 3.000 Mitarbeiter.

Tümosan wurde 1975 gegründet und produzierte bis 1989 in Lizenz für Ford. Danach startete das Unternehmen die Produktion unter der eigenen Marke und wurde 2005 privatisiert. Die Dieselmotoren- und Traktor-Fabrik befindet sich in Konya. Die jährliche Produktionskapazität für Traktoren beträgt 45.000, für Dieselmotoren 75.000 Einheiten.

Türk Traktör wurde 1954 als staatliches Unternehmen gegründet und 1992 von der Koç-Gruppe übernommen. Türk Traktör ist mit ca. 65 % Marktanteil Marktführer für Traktoren in der Türkei. Die jährliche Produktionskapazität beträgt 35.000 Traktoren und 25.000 Motoren. Das Unternehmen hat rd. 1.000 Mitarbeiter und besitzt als einziger Hersteller in der Türkei eine flexible Produktionslinie.

Verbände

Die **Automotive Manufacturers Association** (OSD, www.osd.org.tr) wurde 1974 gegründet und vertritt mit ihren insgesamt 15 Mitgliedern die wichtigsten Player der türkischen Automotive-Industrie. Mitglieder der OSD sind Anadolu Isuzu, BMC, Ford Otosan, Hattat, Honda Türkiye, Hyundai Assan, Karsan, MAN Türkiye, Mercedes-Benz Türk, Otokar, Oyak Renault, Temsa Global, Tofaş, Toyota und Türk Traktör.

Die **Turkish Aluminium Industrialists' Association** (TALSAD, www.talsad.org.tr) wurde im Jahr 1971 gegründet und hat v. a. für den Automotive-Sektor eine große Bedeutung. Die Vereinigung bietet ihren Mitgliedern fachliche und rechtliche Beratung, Kommunikation und Kontaktanbahnung sowie Informationsaustausch.

Die **Association of Automotive Parts and Components Manufacturers** (TAYSAD, www.taysad.org.tr) wurde 1978 gegründet und hat derzeit ca. 300 Mitglieder, die gemeinsam für 65 % des Outputs der Automobilzulieferer und für 70 % der Exporte zuständig sind. 65 Unternehmen von TAYSAD verfügen über ausländische Partner, die jeweils unterschiedlich hohe Anteile an den entsprechenden Firmen halten. Die Mitgliedsunternehmen des Vereins beschäftigen derzeit rd. 80.000 Personen.

Die **Tool Manufacturers' Association of Turkey** (UKUB, www.ukub.org.tr) unterstützt ihre Mitglieder dabei, ihre Wettbewerbsfähigkeit auszubauen und international mit Organisationen aus demselben Sektor zusammenzuarbeiten. Sie wurde 2002 gegründet, um alle Verbände und Personen zu unterstützen, die in der Werkzeugproduktion tätig sind. Der Verband ist eine nicht staatliche Organisation und versucht über internationale Verflechtungen die Produktions- und Servicequalität des Sektors zu erhöhen. Derzeit hat der Verband rd. 170 Mitglieder.

Turkey Fair Guide (www.fairguide.org.tr): Alle Messen in der Türkei – so auch jene der Automobil- und Autoteile-Industrie – finden sich auf der Fair-Guide-Website der türkischen Handelskammer (TOBB).

3.3.2.3 Lebensmittel

Im Bereich der Lebensmittel besteht bei jedem Land immer wieder die Chance, Geschäftsbeziehungen aufzubauen. Das hat einerseits mit der rasant steigenden internationalen Reiseentwicklung zu tun, andererseits findet die Ethno-Küche immer mehr Anklang in den europäischen Haushalten. Doch nicht nur die türkische Küche ist in Deutschland,

Österreich oder der Schweiz ein fester Bestandteil der Ernährung, auch Produkte aus der DACH-Region sind bereits bekannte Exportschlager: Bier aus Deutschland, Schokolade aus der Schweiz oder Fruchtsäfte aus Österreich.

Im März 2013 hat die türkische Regierung einen Importstopp von rotem rohem Fleisch ausgerufen, da man festgestellt hat, dass die türkische Landwirtschaft genügend eigenes Fleisch produzieren kann und man auch der Spekulation rund um die türkischen Feiertage einen Riegel vorschieben wollte.

Dieses Beispiel zeigt eines der grundlegenden Risiken beim Gang auf den türkischen Absatzmarkt: Spontane politische Entscheidungen führen von heute auf morgen dazu, dass ursprünglich eingeforderte und gerne angenommene Produkte nicht mehr absetzbar sind. Dieses Risiko muss jedem Unternehmer bewusst sein. Andererseits versucht die Türkei immer weiter den Anforderungen der EU zu entsprechen und spontane Entscheidungen gegen EU-Interessen zu vermeiden.

Interessant ist, dass nahezu zeitgleich Anfang April 2013 ausgewählte Milchverarbeiter aus der Türkei ihre Produkte ab sofort in die EU exportieren dürfen. Wie die Europäische Kommission bestätigte, nahm sie insgesamt sechs Betriebe aus den Regionen Bursa, Denizli, Eskisehir, Kirklareli und Tekirdag in die Liste zugelassener Produktionsstätten auf.

Die Türkei ist zwar grundsätzlich ein Drittland (gemäß EU-Recht), was zur Einfuhr von Milcherzeugnissen berechtigen würde. Allerdings wurden in den vergangenen Wochen keine Einzelzulassungen mehr erteilt. Angst vor einer türkischen Milchflut muss allerdings keine entstehen: Gemäß dem türkischen Statistikamt lieferten die türkischen Kühe rd. 13,7 Mio. Tonnen. Der gesamte Export davon belief sich dabei auf weniger als 0,1 Mio. Tonnen. Nähere Informationen erteilen u. a. auch die Bundesanstalt für Landwirtschaft und Ernährung oder die entsprechenden Stellen in Österreich und der Schweiz.

Doch was die Türkei kann, können auch andere Länder. Österreich, die Schweiz und Deutschland sind u. a. bekannt für die Vielzahl an Käsesorten. Dies ist beispielsweise eine Marktlücke für findige Unternehmen. Die bekanntesten und besten türkischen Käsesorten wie z. B. *Erzincan Tulumu* (Käse in Ledersack), *Van Otlu Peyniri, Kargi Tulumu, Kars Gravyeri, Izmir Tulumu, Eski Kaşer, Bandirma Mihaliç Peyniri, Beyaz Penir* (Weißkäse), *Karadeniz Tel Peyniri* oder *Çerkez Füme* sind traditionelle Käsesorten, die überwiegend vom Schaf oder der Ziege stammen. Trotz ihrer aromatischen und technischen Unterschiede gibt es bei Weitem nicht diese Vielfalt wie in Zentraleuropa. Allerdings sollte man sich bewusst sein, dass es aufgrund der klimatischen Bedingungen auch andere Anforderungen an die Hygiene und Lagerfähigkeit von Käseprodukten gibt. Wenn Sie vorhaben, Käse in türkischen Supermärkten anzubieten, sollten Sie sich darüber im Klaren sein, dass die fertig abgepackten Produkte mindestens acht Monate lagerfähig sein müssen. Das ist jene Zeitspanne, die sich türkische Unternehmen in Verträgen unterschreiben lassen, um Mindesthaltbarkeit, Schutzfristen und Transport sowie Lagerung ohne Qualitätsverlust abzudecken.

Einer der möglichen Wege wäre es hier, mit einem der bestehenden milchverarbeitenden Betriebe eine Kooperation aufzubauen. Damit könnte vielen bürokratischen Fußangeln entgangen werden und die Haltbarkeitszeit wäre um einen deutlichen Anteil (z. B. Transport, Zoll) verkürzt.

Ein abschließendes Beispiel für die Zusammenarbeit der EU mit der Türkei im Lebensmittelbereich ist die Verleihung des Qualitätssiegels der EU für eine der bekanntesten türkischen Spezialitäten: Die Antep-Baklava ist eines von erst 16 Produkten aus Drittländern, das diese Auszeichnung erhalten hat. Zu exotisch für die EU-Auszeichnung, meinen Sie? Allein zehn der 16 Produkte stammen aus China.

3.3.2.4 Dienstleistungen

Was die Türkei noch in einem besonders hohen Maß attraktiv für die deutschsprachigen Länder macht, ist der besonders hohe Dienstleistungsgrad, den die türkische Wirtschaft erfüllen kann. Viele Dienstleistungen beschäftigen sich gerade in der Türkei mit dem Aufbau von Beziehungen, der Unterstützung beim Netzwerken und dem Herstellen des Schulterschlusses zwischen Orient und Okzident.

Bereits jetzt arbeiten beispielsweise rd. 2.000 der insgesamt etwa 70.000 Personen in der Callcenter-Branche für europäische Kunden. Der Vorstand des türkischen Callcenter-Verbandes, Metin Tarakci, bestätigt, dass dieser Sektor bereits ein Volumen von rd. 1 Mrd. € erreicht hat. In den Region-VI-Gebieten in Ost- und Südostanatolien sind derzeit rd. 1.000 Callcenter stationiert. Tendenz: steigend! Einer der letzten großen Coups wurde von der Schweiz aus getätigt. Ein eidgenössisches Unternehmen kündigte den Aufbau eines Callcenters zur Unterstützung des Schweizer Versicherungsmarktes mit 200 Beschäftigten an.

Die türkische Callcenter-Branche beschäftigt 70.000 Personen, so der Vorstand des Callcenter-Verbandes der Türkei, Metin Tarakci. „Von diesen arbeiten rd. 2.000 Callcenter-Beschäftigte insbesondere für europäische Kunden", sagte Tarakci und fügte hinzu, dass der Sektor ein Volumen von 1,4 Mrd. USD erreicht habe.

3.3.2.5 Wintertourismus

Auch wenn die Türkei als klassisches Sommerferienziel gilt, ist das Land aufgrund der Topografie und geografischen Lage ein Ganzjahrestourismusland. Insgesamt verfügt die Türkei über 48 Flughäfen, davon 16 internationale. Neben den bekannten Sommertourismusgebieten entlang der türkischen Küste mit über 250 Stränden verfügt die Türkei über zahlreiche National- und Naturparks, Naturdenkmäler und Naturschutzgebiete. Für die bergbegeisterten Touristen stehen Bergtourismusgebiete in zehn Provinzen und zahlreiche Wintertourismusgebiete zur Verfügung.

Durch die erfolgreiche Verankerung des Sommer- und Kulturtourismus angespornt, plant das Ministerium für Kultur und Tourismus, neben den Sparten Gesundheit, Golf, Jacht sowie Messen und Kongresse auch den Wintertourismus weiter auszubauen.

Dazu ist im Tourismus-Strategieplan 2023 (*Türkiye Turizm Stratejisi 2023, Eylem Plani* 2007–2013) die Entwicklung von 25 lokalen, regionalen und internationalen Wintersportgebieten verankert. Von diesen 25 Gebieten ist ca. die Hälfte bereits ausgebaut oder im Ausbau und die andere Hälfte in Planung. Die Umsetzung der vom Ministerium vorgegebenen Pläne obliegt den jeweiligen Provinzen. Der Fokus liegt v. a. auf der Gebirgskette im Nordosten, die auch als Wintertourismus-Korridor bezeichnet wird. Die höchsten Berge und das allgemeine Höhenniveau liegen über den österreichischen Werten. Das durchschnittliche Höhenniveau liegt zwischen 1.100 und 1.600 Metern ü. M., die höchsten Bergspitzen liegen jenseits der 4.000 Meter ü. M.

Die am besten ausgebauten Skigebiete sind Erzurum (Gebiet Palandöken) mit 16 Liftanlagen und Bursa (Uludag) mit 20 Liftanlagen. Bursa ist v. a. das Skigebiet für den Großraum Istanbul. Ebenfalls in der Nähe von Istanbul befindet sich Kocaeli (Kartepe). Weiter beliebt sind Bolu (Köroglu Dagi) in der Nähe von Ankara, Kastamonu (Ilgaz) und Cankiri (Kadincayiri) sowie Kayseri (Erciyes), Isparta (Davraz) nördlich von Antalya und Kars (Sarikamis), das östlichste Wintertourismusgebiet. Teilweise schon aktive Wintertourismusgebiete sind: Aksaray (Hasandagi) in der Zentraltürkei, Bayburt (Kop Dagi) in der Nähe von Erzurum, Gümüshane (Zigana) bei Trabzon und Samsun.

Weitere geplante Wintertourismusgebiete sind:

- Antalya/Alanya (Akdag)
- Antalya (Akseki)
- Ardahan (Ugurludag)
- Artvin (Kafkasör)
- Bitlis (Sapgör)
- Erzincan (Ergan Dagi)
- Gümüshane (Cakirgöl)
- Gümüshane (Süleymaniye)
- Mugla (Seki Eren Dagi)
- Mersin (Karbogazi)
- Rize (Ovit Dagi)
- Sivas (Yildiz Dagi)

Insgesamt sind 48 Wintertourismusgebiete definiert, von denen 25 im derzeitigen Strategieplan enthalten sind. Die gesamte Bettenkapazität soll von derzeit rd. 7.700 auf mehr als 65.000 Betten ausgebaut werden.

Die Wintersportgebiete werden laufend weiter ausgebaut. Doch das heißt nicht, dass nur die bekannten und großen Firmen im Hotel- oder Liftbau tätig sein können. Investoren und Interessenten können und sollen sich zu jeder Zeit präsentieren. Entscheidend ist, dass Sie bereit sind, viel Zeit vor Ort zu verbringen und den Kontakt zu den Behörden und der Bevölkerung zu suchen. Ein geschäftliches Engagement in der Türkei kann nicht vom zentraleuropäischen Schreibtisch aus betrieben werden, sondern verlangt den direkten Kontakt. Je weiter Sie sich darauf einlassen, ein Engagement in der Türkei mit dem Eintauchen in den türkischen Alltag zu verbinden, umso nachhaltiger wird Ihr Erfolg wirken.

4 Geschäftsaufbau

Autoren: Sergey Frank (Kapitel 4.1, 4.4, 4.5, 4.6),
Hannelore Struger-Waniek (Kapitel 4.2, 4.3, 4.4.2.6)

4.1 Die passende Marktanalyse

4.1.1 Marktforschung in der Türkei

Die Internationalisierungserfahrungen vieler Unternehmen, besonders in der Türkei, haben deutlich gezeigt, dass Chancen in ausländischen Märkten oft unerkannt und damit ungenutzt bleiben. Das lässt sich mithilfe der Marktforschung vermeiden, die – wenn richtig angewendet – zu einem wichtigen Instrument der Internationalisierung wird.

Was eigentlich ist Marktforschung?

Es bestehen viele wissenschaftlich differenzierte Konzepte, doch im Prinzip handelt es sich bei Marktforschung um die systematisch betriebene Erforschung eines konkreten Teilmarktes (Zusammentreffen von Angebot und Nachfrage). Dazu werden u.a. unter Heranziehung v.a. externer Informationsquellen die Bedürfnisse aller Beteiligten erfasst und anschließend analysiert. Somit sollten bei der Marktforschung bzgl. der Türkei im Wesentlichen folgende Fragen beantwortet werden:

1. Welche Eigenschaften zeichnen den türkischen Markt aus?
2. Wie hoch ist das Marktpotenzial?
3. Wie definieren wir unsere Zielgruppe und identifizieren ihre spezifischen Bedürfnisse?
4. Wer sind unsere Wettbewerber und wie verhalten sie sich im türkischen Markt?
5. Welche Rahmenbedingungen aus dem Marktumfeld (Politik, Gesetz und Steuern, Gesellschaft, Kultur) beeinflussen das Marktpotenzial?
6. Auf Basis der Beantwortung der ersten Themen geht es dann um die wesentliche Fragestellung: Welchen konkreten Mehrwert haben unsere Produkte in dem spezifischen Markt gegenüber der Konkurrenz? Ist dieser Mehrwert für die potenziellen Abnehmer in dem spezifischen Markt überhaupt relevant?

Marktforschung kann mittels verschiedener Aspekte unterschieden werden, beispielsweise nach Primär- und Sekundärforschung oder nach regionaler, nationaler und internationaler Forschung. Die klassische Marktanalyse umfasst die folgenden fünf zentralen Aspekte: makroökonomische Analyse, Kundenanalyse, Wettbewerbsanalyse, Distributionsanalyse sowie Marktzugang und Eintrittsbarrieren.

Bedeutung der Marktforschung in der Türkei als Emerging Market

Warum sind Marktanalysen so entscheidend für den Erfolg in einem ausländischen Zielmarkt, insbesondere in *Emerging Markets* wie der Türkei? Zwar gibt es unzählige Artikel und Bücher, die sich mit diesem Zielmarkt befassen. Doch am Ende helfen Sekundärquellen nur bedingt beim Markteintritt. Auch Branchenberichte oder allgemeine Investitionsveranstaltungen vermitteln eher rudimentäre Grundlagen.

Die Anwendung von Halbwissen und die Übertragung von Strategien aus Industrieländern auf solch einen ausländischen Wachstumsmarkt haben viele Unternehmen bereits zum Misserfolg geführt. Oft wollen Unternehmen beim Markteintritt Kosten sparen. Dabei können die Ausgaben für Marktforschung ressourcenschonend eingesetzt werden.

Erfolgreiche Unternehmen investieren daher sinnvoll in die Marktanalyse. Denn nichts ist gefährlicher, als unvorbereitet in den türkischen Markt zu gehen. Dieser zeichnet sich durch eine hohe Dynamik aus. Vielschichtige und sich rasch verändernde Kundenbedürfnisse, neue Regelungen und gesellschaftliche Strömungen sowie politische und gesamtwirtschaftliche Einflüsse bedingen die intensive und regelmäßige Analyse des Zielmarktes, seines Marktumfeldes und der Kunden.

Effektiver Ressourceneinsatz in der Marktforschung

Ein Argument vieler mittelständischer Unternehmen gegen Marktforschung ist das sogenannte Bauchgefühl der Unternehmer und Mitarbeiter, das eine genaue Analyse des Marktes ihrer Meinung nach unnötig macht. Dieses Bauchgefühl ist zwar notwendig, da die letzte Entscheidung auch nur durch das Individuum fallen kann. Marktforschung stellt aber eine notwendige, begleitende Möglichkeit dar, dem Bauchgefühl eine solide Entscheidungsbasis zu geben.

Dabei kann auch mit einfachen Methoden effektiv Marktforschung betrieben werden. Neben einem Screening von Konkurrenzinformationen und politischen Entwicklungen in der Türkei sind beispielsweise Mitarbeiter, die eng mit Kunden zusammenarbeiten, eine hervorragende Quelle für Ihre Marktforschung. Gute Marktforschungsunternehmen implementieren hierzu in ihren Projekten abgestimmte Prozesse, die auf effektive Art relevante Marktinformationen aus dem Zielmarkt sammeln und filtern helfen.

In einem *Emerging Market* wie der Türkei sollte aber vor dem Markteintritt externe Hilfe in Anspruch genommen werden. Der interne Aufwand einer spezifischen Marktforschung darf auf keinen Fall unterschätzt werden. Erfahrene externe Institutionen können den Entscheidern die relevanten Marktinformationen meist schneller und günstiger liefern.

4.1.2 Internationale Marktforschung als erfolgreiches Instrument

Marktforschung – mehr als nur Kundenbefragung

Marktforschung umfasst in vielen Fällen deutlich mehr als die Kundenanalyse. Diese Sekundär- und Primäranalyse ist jedoch der Kern vieler Marktforschungsaktivitäten. Hier gibt es beispielsweise die Möglichkeit, sogenannte *Lead User*, also repräsentative oder wichtige potenzielle Kunden, zu identifizieren und zu interviewen. Zum anderen ist es möglich, breiter gestreute standardisierte Befragungen bei einer zufälligen Stichprobe von Kunden im türkischen Zielmarkt durchzuführen.

Die Konkurrenzanalyse identifiziert zentrale Wettbewerber im türkischen Markt sowie ihre Stärken und Schwächen. Darüber hinaus wird ihr Verhalten eingeschätzt. Kommt es beispielsweise beim Markteintritt zu einem Preiskampf bzw. verstärkten Kommunikationseinsatz? Welche Barrieren hat die Konkurrenz aufgebaut?

Darüber hinaus ist es entscheidend, die Marktzugänge sowie Strukturen in der Türkei zu verstehen und formale wie informelle Partner, die einem beim Markteintritt durch Ressourcen und Informationen helfen, darzustellen. Hier finden sich verschiedene Ansätze sogenannter Netzwerk- und Partneranalysen.

Zudem gehört eine umfassende Branchen- und Marktumfeldanalyse zum Standard einer sorgfältigen Marktforschung. Das Verständnis über politische und gesellschaftliche Gesamtzusammenhänge bringt oft viele notwendige Informationen zutage. Gerade mittelständische Unternehmen, die in die Türkei expandieren wollen, sollten hier externe Partner zur Analyse einschalten.

Validität und lokale Adaption

Um internationale Marktforschung zu einem erfolgreichen Instrument zu machen, ist es wichtig, lokale Eigenheiten zu beachten. Zentrale Fragen sind hier beispielsweise: Wo bestehen lokale Gegebenheiten, die den Markt entscheidend beeinflussen? Welches ist der genaue, lokal adaptierte Markt?

Tatsächlich machen bereits hier viele Unternehmen den Fehler, ihren Markt in der Türkei nahezu deckungsgleich zum Heimatmarkt zu definieren. In Bezug auf Kundenbedürfnisse argumentieren sie: „Die werden schon so ähnlich sein!", das Konkurrenzverhalten tun sie mit „Sind doch eh immer die Gleichen" ab und zur Kommunikation meinen sie: „Wir haben eine englische, französische und spanische Homepage, das passt auch für die Türkei."

Diese leicht überspitzten, aber realen Beispiele zeigen, dass die Marktdefinition manchmal nicht ernst genug genommen wird. Überlegen Sie sich daher genau, was Ihren Zielmarkt ausmacht. Dieser kann in einem anderen wirtschaftlichen, gesellschaftlichen und kulturellen Kontext deutlich differieren: Wissen Sie beispielsweise, ob Ihre potenziellen Kunden in der Türkei den gleichen Serviceumfang um das Produkt wünschen wie in Deutschland? Haben Sie einen genauen Überblick darüber, welche vergleichbaren Konkurrenten gerade in diesem Land aktiv sind?

Zu beachten ist außerdem, dass das Marktumfeld einen entscheidenden Einfluss auf die Marketingstrategie und den Erfolg eines Unternehmens hat. Ein wesentlicher Faktor in vielen *Emerging Markets* sind die sogenannten *Institutional Voids.*

Bei diesen Leerstellen handelt es sich um das Fehlen von Zwischenakteuren am Markt (wie z. B. Marktforschungsinstitute, Regelwerke, Kreditkarten- oder IT-Systeme), die Käufer und Verkäufer miteinander verbinden. Aber auch Informationen, die nicht oder nur unzuverlässig vorhanden sind, sind typische Beispiele für *Institutional Voids*.

Bekannt für die Türkei ist etwa die Schattenwirtschaft, die deutliche An- und Ablaufschwierigkeiten generieren kann. Diese Faktoren erhöhen *per se* die Unsicherheit beim Markteintritt in der Türkei und erschweren die Marktdefinition. Diese Unsicherheit führt zu Fehleinschätzungen mit Blick auf das Marktpotenzial. Auch die Marktforschung muss sich dieser Faktoren bewusst sein.

Die lokale Adaption in der Türkei besitzt grundsätzlich zwei Ausprägungen, die für alle Marketinginstrumente differenziert untersucht werden müssen.

Zum einen müssen Sie sich fragen, ob Ihr Unternehmen die notwendige Anpassung einschätzen kann. Demnach benötigen Sie entsprechendes Wissen und Erfahrung über den Zielmarkt. So sollten Ihre Produkte an die Bedürfnisse und Gewohnheiten der türkischen Bevölkerung angepasst werden. Dies betrifft bei Nahrungsmitteln v. a. den Geschmack sowie allgemein bei Konsumgütern in erster Linie das Aussehen und die Verpackung der Produkte.

Hier liegen wesentliche Anknüpfungspunkte für eine spezifische Marktforschung, aber auch für das Personalmanagement.

Zum anderen sollte Ihnen bewusst sein, welche Ressourcen für die Anpassung der Instrumente notwendig sind. Neben dem schon erwähnten Personal und Markt-Know-how können hier externe Partner für begleitende Dienstleistungen oder den Vertrieb über andersartige Vertriebskanäle genannt werden. Aber es können auch technische Veränderungen an Produkten notwendig sein, die eines größeren Aufwands bedürfen. Prinzipiell ist es nötig, die Anwendungsanleitungen professionell ins Türkische übersetzen zu lassen.

All diese Punkte sind bei einer umfassenden, aber effizient durchgeführten Marktforschung für die Türkei zu berücksichtigen. Die Outside-in-Perspektive (Marktsicht) muss mit der Inside-out-Perspektive (Unternehmenssicht) abgeglichen werden.

Regionale Unterschiede

Istanbul ist das uneingeschränkte Wirtschaftszentrum der Türkei, wo alle namhaften Versicherungen und Banken sowie nationale *Headquarters* und internationale Firmensitze anzutreffen sind. Wichtige Industriezweige sind die Elektronik-, Automobil- und Textilindustrie sowie Tourismus und Landwirtschaft.

Die Senkung von Einkommens- und Körperschaftssteuer hat sich in den vergangenen Jahren positiv auf die Wirtschaft ausgewirkt. Die Regierung fördert v. a. den Osten des Landes durch 50 Technologieentwicklungszonen (TIZ), in denen Investitionen in Hochtechnologiebereichen gefördert werden. So sind Erträge aus Softwareentwicklung sowie Research und Development (R&D) in diesen Zonen bis 2023 steuerfrei. Weiter gibt es 20 Freihandelszonen (FHZ) in der Türkei und 276 organisierte Industriezonen (OIZ) mit fertiger Infrastruktur und sozialen Einrichtungen.

Marktinformationen in der Türkei richtig umsetzen

Die Informationen, die sich aus Ihrer Marktanalyse über die Türkei ergeben haben, bedürfen letztendlich auch einer korrekten Umsetzung.

Prinzipiell sollte man bedenken, dass Marktforschung in diesem Land nur selten mit Marktforschung in konsolidierten Märkten, wie z. B. Großbritannien oder den USA, vergleichbar ist. Vielfach sind Daten nicht objektiv (v. a. aufgrund der signifikanten Schattenwirtschaft) und ergeben keine wirklichkeitsgetreue Grundlage. Aus diesem Grund ist es wichtig, eine Datenerhebung dieses Landes nicht nur auf gekauften Daten aufzubauen, sondern individuell auch durch das eigene Netzwerk, durch bekannte Distributoren- und Vertriebskanäle sowie durch unabhängige Statistiken zu verifizieren.

Die richtige Marktforschung hilft, die wirtschaftliche Situation, das Konsumverhalten und bestehende Trends in der Türkei besser zu verstehen. Jedoch ist sie nur der erste Schritt hin zu einem mittel- und langfristig erfolgreichen Markteintritt. Was folgen sollte, ist eine strategische Planung der anderen Marketinginstrumente sowie der Aufbau von Partnerschaften und Netzwerken.

Pionier oder nicht Pionier, das ist hier die Frage. Als Pionier in einem Markt können Sie sich als Erster bei den Kunden etablieren. Einmal etabliert, wird Sie ein Konkurrent nicht so schnell von Ihrer Marktposition verdrängen. Zudem wachsen *Emerging Markets* wie die Türkei überproportional. Selbst mit einem stagnierenden Marktanteil können Sie also weiter vom Wachstum profitieren. Weiterhin können Sie strategische Partner und Vertriebskanäle besetzen und an sich binden oder auch als Erster qualifiziertes Personal einbinden.

Wie geht es weiter?

Updating ist das Schlüsselwort: Die Marktanalyse ist regelmäßig zu aktualisieren, da die zunächst gewonnenen Erkenntnisse nach gewisser Zeit nicht mehr valide sind. Vor allem ein dynamischer Markt wie die Türkei hat hier eine sehr kurze Halbwertszeit.

Gerade diese Dynamik macht den türkischen Markt so attraktiv für ausländische Unternehmen und Investoren. Wichtig sind dabei jedoch immer die langfristige Strategie und Geduld – gerade am Anfang. Besonders im Konsumgüterbereich (B2C) sind Vertrieb und Kommunikation außerdem dem türkischen Markt anzupassen – basierend auf den Erkenntnissen aus der Marktforschung. Dies gilt v. a. für Gewohnheiten, Sprache, Kultur und Marktumfeld.

Zahlreiche westeuropäische Unternehmen verlagern ihre Produktion in die Türkei, da das Ausbildungsniveau von Fachkräften sehr hoch ist und die Arbeitskosten (abseits von Istanbul) deutlich geringer ausfallen als im europäischen Durchschnitt. Die Türkei ist aber nicht nur als günstiger Produktionsstandort, sondern auch als Binnenmarkt hochinteressant mit einer konstant steigenden Nachfrage im Konsumgüterbereich. Wichtig ist dabei, dass innovative und für den spezifischen Markt interessante Produkte angeboten werden, Hand in Hand mit einem lokal adaptierten Kundendienst und einer durchdachten Pricing-Strategie.

Der Erfolg Ihres Geschäftsaufbaus in der Türkei liegt also vielfach in der Kombination aus einer validen Marktanalyse sowie deren Umsetzung und stetigen Aktualisierung. Ein Kümmerer vor Ort, der dies alles realisiert, spielt eine schlussendliche Schlüsselrolle.

4.2 Interkulturelle Besonderheiten und Verhandeln

Neben den wirtschaftlichen und rechtlichen Rahmenbedingungen gibt es die sogenannten *soft facts*, die man insbesondere in Ländern wie der Türkei beachten muss, um tatsächlich erfolgreich zu sein. Wir alle wissen, wie wichtig und sensibel, aber manchmal auch extrem schwierig bereits die zwischenmenschliche Interaktion bzw. Kommunikation mit Menschen mit demselben kulturellen Hintergrund sein kann. Zu oft kommt es zu Missverstandnissen und gegenseitigem Unverständnis.

Diese Schwierigkeiten werden noch verstärkt, wenn man mit Menschen kommuniziert, die aus einem anderen kulturellen Umfeld kommen.

Es ist eine Tatsache, dass der kulturelle Hintergrund der Türken – auch der modernen Türken – sich stark vom westeuropäischen unterscheidet. In der Türkei zählen insbesondere

Werte wie Familie und Freundschaft. Wenn es jemandem in der Familie oder im Freundeskreis schlecht geht, hilft man, wo man kann – moralisch, aber auch finanziell.

Dadurch braucht in der Türkei niemand Existenzängste zu haben. Denn man kann sich i. d. R. darauf verlassen, dass es immer jemanden in der Familie geben wird, der einem helfen bzw. einen unterstützen wird.

PRAXISTIPP

Obwohl es kein in unserem Sinne funktionierendes staatliches soziales Netz gibt, wird dieses durch den Zusammenhalt der Familien bzw. Menschen untereinander ersetzt. Türkische Mitarbeiter haben daher i. d. R. auch keine so große Angst, ihren Arbeitsplatz und/oder ihre Existenz zu verlieren. Dies gilt es im Geschäftsleben zu beachten.

Leider prägen zu viele Vorurteile gegenüber der Türkei und den Türken das Bild vieler Deutscher. Ohne mehr über das Land und seine Menschen zu wissen, werden negative Aussagen bzw. Verallgemeinerungen getroffen – oft aus Unwissenheit.

Daher ist es wichtig, sich zuerst mit dem Land und seinen Leuten zu beschäftigen und danach sein eigenes Urteil zu treffen! Versuchen Sie sich von etwaigen Klischees zu befreien und gehen Sie – wenn Sie in der Türkei Geschäfte machen und erfolgreich sein wollen – offen und unbeeinflusst auf die Leute zu. Sie werden erstaunt sein.

4.2.1 Türkei – Erfolg am Bosporus

Bereits auf den ersten Blick haben Deutschland und die Türkei einiges gemeinsam: Über 1 Mio. Menschen türkischer Abstammung leben in der Bundesrepublik – ähnlich viele Deutsche reisen jährlich in das Land am Bosporus. Deutschland ist zudem einer der wichtigsten Handelspartner der Türkei. Im Jahr 2008 hatte die Bundesrepublik einen Anteil von ca. 9 % an den türkischen Einfuhren und von ca. 10 % an den Ausfuhren. Deutsche Unternehmen sind in der Türkei zudem mit sehr vielen Joint Ventures vertreten.

Die meisten Geschäfte werden in Istanbul abgeschlossen, der alles beherrschenden Geschäftsmetropole. Ankara, die Hauptstadt der Türkei, spielt zumeist dann eine Rolle, wenn Behörden und Ministerien eingebunden sind.

Beispiel

Falls Sie noch nie in Istanbul waren, werden Sie überrascht sein, wie europäisch diese Stadt ist. Istanbul ist ein „kleines Amerika"; sehr modern, mit guter Infrastruktur, ein Schmelztiegel zwischen Ost und West. Wenn Sie abends in Restaurants, Bars oder Klubs gehen, werden Sie staunen, wie hip und stylish diese eingerichtet sind. Nicht umsonst fahren heute international arbeitende Architekten nicht mehr nur nach New York, Hongkong, London oder Paris, um zu erfahren, wohin der Trend geht, sondern auch nach Peking und Istanbul. Wer hätte dies noch vor ein paar Jahren gedacht?

Door Openers

Türken sind offen und gastfreundlich. Um Geschäfte anbahnen zu können, muss man aber die richtigen Leute kennen.

„Leichter gesagt als getan", berichtet der europäische Vertriebsleiter eines deutschen Kfz-Zulieferers. *„Der einzige Weg, der sich uns bot, waren Handels- und Industriemessen. Hier kamen wir – wenn auch langsam – mit verschiedenen potenziellen Partnern in Kontakt."*

In der Tat sind Messen ein moderner „Wirtschaftsbasar", auf dem Importeure, Eigenhändler, Handelsvertreter und potenzielle Kooperationspartner nicht nur Produkte und Dienstleistungen anbieten, sondern vornehmlich Kontakte aufbauen. Nutzen Sie also diese Möglichkeit der Geschäftsanbahnung – sowohl in der Türkei als auch bereits in Deutschland.

Eine weitere Möglichkeit ist die Teilnahme an offiziellen Handelsdelegationen, die in regelmäßigen Abständen von der Bundesregierung oder von internationalen Handelskammern organisiert werden.

Wenn Sie Kontakt zu potenziellen Geschäftspartnern aufbauen konnten, lohnt es sich, für den konkreten Einstieg in den türkischen Markt die Hilfe eines örtlichen Verbindungsmannes in Anspruch zu nehmen, da sich dieser besser mit den örtlichen und kulturellen Belangen auskennt. Ansonsten kann Ihnen auch die Deutsch-Türkische Handelskammer Auskunft geben und Sie in Ihrem Geschäft unterstützen.

4.2.2 Doing Business in der Türkei

Die Türkei ist anders als viele ihrer Nachbarstaaten. Vielleicht liegt der Grund auch darin, dass sie eine äußerst individuelle Geschichte hat. Sprache und Kultur unterscheiden sich wesentlich von denen der angrenzenden Staaten. Es bietet sich daher an, sich im Voraus über die kulturellen Eigenheiten des Landes zu informieren. Um gut vorbereitet zu sein, sollten Sie außerdem versuchen, die geschäftlichen Aktivitäten Ihres türkischen Geschäftspartners im Vorfeld zu prüfen, denn auch er wird gut vorbereitet sein.

Management

Viele Unternehmen in der Türkei sind Familienunternehmen. Es kann also sein, dass Sie nicht mit Angestellten eines Konzerns, sondern mit ziemlich erfolgreichen Gründern zu tun haben, die ihre eigene Firma oder Firmengruppe leiten.

Viele erfolgreiche türkische Geschäftsleute haben daher nicht nur individuelle Geschäftsinteressen, sondern sind mit diversen Geschäftskonglomeraten unternehmerisch tätig, die dann häufig im Management von Familienmitgliedern betrieben werden. Es kann daher sein, dass Sie Ihre Gespräche mit dem Firmeninhaber beginnen, die Einzelheiten danach aber mit einem seiner Familienmitglieder besprechen.

In der Türkei herrscht vielerorts das Patriarchat. Hierarchien werden nicht infrage gestellt. Mitarbeiter erwarten klare Anweisungen und akzeptieren Abhängigkeiten, die bis ins Private reichen.

Dies lässt sich am besten damit erklären, wie viele große türkische Unternehmen ursprünglich entstanden sind. In den 1920er-Jahren haben heute große und erfolgreiche

Unternehmen, wie z. B. die Sabancı's, eine der reichsten Unternehmerfamilien des Landes, ihren Ursprung.

Der Gründer des Unternehmens, Hacı Ömer Sabancı, kam aus Akçakaya, einem kleinen Ort in der Provinz Kayseri in Zentralanatolien. Mit 15 Jahren verließ er seinen Heimatort und machte sich zu Fuß auf den Weg nach Adana, um sein Glück zu suchen. Er begann als Baumwollpflücker. Sehr bald arbeitete er als Broker für die Baumwollernten. Mit dem ersparten Geld trat er ins Baumwollgeschäft ein. Er beteiligte sich nach und nach an verschiedensten Unternehmen und gründete 1948 u.a. seine eigene Bank, die heutige Akbank.

In der Türkei war es in der Gründerzeit der 1920er-Jahre die Regel, dass sich erfolgreiche Geschäftsleute ganze Firmenkonglomerate aufbauten. Diese Familien besaßen bzw. besitzen auch heute noch eine Vielzahl von Unternehmen in den unterschiedlichsten Branchen. Sie begannen wie beispielsweise Sabancı in der Textilbranche und bauten in der Folge Firmen auf oder beteiligten sich an Unternehmen in anderen Branchen. Die Sabancı-Holding kontrolliert heute 64 Firmen in den unterschiedlichsten Branchen wie Textil, Lebensmittel, Tourismus, Papier, Verpackung, Automobil, Chemikalien, Tabak, Zement, Versicherungen und Banken.

Diesen türkischen Konglomeraten, die sich zum großen Teil auch heute noch zu 100 % in privater Hand befinden, steht immer ein Familienoberhaupt vor, welches das Sagen hat.

Die anderen Familienmitglieder haben sich diesem unterzuordnen. Wenn sich das Familienoberhaupt aus Alters- oder sonstigem Grund zurückzieht, bestimmt er zuvor seinen „Thronfolger", dem sich dann wieder sämtliche anderen Familienmitglieder „unterwerfen" müssen. So wie sich die Familienmitglieder unterordnen müssen, müssen sich natürlich auch die Mitarbeiter unterordnen. Dieses hierarchische bzw. Obrigkeitssystem ist weit verbreitet und anerzogen, sodass auch in internationalen Unternehmen, die von Türken geführt werden, sehr ähnliche Strukturen herrschen.

Es gilt der Grundsatz, dass der Chef nicht hinterfragt wird. In der Türkei hat der Chef „Narrenfreiheit". Die Mitarbeiter sind i. d. R. nicht gewohnt, Kritik zu üben oder frei ihre Meinung zu äußern. Es gibt in der Türkei viele Chefs, die Türen knallen, die Mitarbeiter unflätig anschreien oder sie wie Leibeigene behandeln, wenn sie wütend sind. Oft wird Macht durch Angst ausgeübt.

Gleichzeitig kümmern sich jedoch diese Chefs um ihre Mitarbeiter, wenn es ihnen gesundheitlich schlecht geht oder sie finanzielle Probleme haben, wenn nötig auch aus privater Tasche. Daran kann man erkennen, dass der Führungsstil ein sehr emotionaler und wenig sachlicher ist.

PRAXISTIPP

Wenn Sie mit Ihrem türkischen Gegenpart bzw. Geschäftspartner verhandeln, müssen Sie mit Kritik sehr vorsichtig sein. Türken nehmen i. d. R. jegliche Kritik persönlich und fühlen sich schnell in ihrer Ehre verletzt. Sachliche Gespräche über beispielsweise nicht erreichte bzw. eingehaltene Budgets und/oder nicht realisierte Umsätze sind schwierig. Es gibt häufig Ausreden, wieso etwas nicht geklappt hat.

In der Regel hat man jedoch mit ein wenig Diplomatie und Anpassungsfähigkeit ein sehr gutes Auskommen mit den türkischen Mitarbeitern. Wenn Sie sie geschäftlich anerkennen, respektieren und schätzen, gehen sie für Sie durchs Feuer und sind sehr loyal. Die Auswahl der „richtigen" Mitarbeiter ist und bleibt jedoch ein sehr sensibles Thema.

Die beste Erfahrung habe ich mit türkischen Mitarbeitern gemacht, die in der Türkei aufgewachsen sind, im Ausland studiert und somit eine gut fundierte Ausbildung sowie Fremdsprachenkenntnisse erworben haben. Weniger gute Erfahrung habe ich mit türkischen Mitarbeitern gemacht, die im Ausland aufgewachsen und im Erwachsenenalter in die Türkei zurückgekehrt sind. Diese schienen weniger anpassungsfähig und verhielten sich gegenüber den in der Türkei aufgewachsenen Mitarbeitern oftmals arrogant. Wenn es um die Besetzung des türkischen Geschäftsführers vor Ort geht, ist es wichtig, im Vorfeld über diese Person Erkundigungen einzuholen.

PRAXISTIPP

Oft bewerben sich Türken, die im Ausland, z. B. in Deutschland oder in Österreich, aufgewachsen sind, bei deutschen bzw. österreichischen Unternehmen und rühmen sich ihrer guten Kontakte in der Türkei. Aufgrund ihrer meist sehr guten Deutschkenntnisse wirken sie glaubwürdig und ausländische Unternehmen setzen große Hoffnungen in diese Personen.

Leider sind viele dieser Personen „Dampfplauderer", haben oftmals wenig Fachwissen und wenig bis keine Kontakte in der Türkei. Es fehlen ihnen die Netzwerke, da sie keine Schulen bzw. Universitäten in der Türkei besucht haben.

Seien Sie freundlich und offen

In der Türkei ist ein persönlicher und höflicher Umgang zwischen Menschen jedes Alters wichtig. *„Es macht kaum einen Unterschied, ob Sie mit einem türkischen Manager essen gehen, im Dampfbad oder im Konferenzraum sitzen. Der Ton ist immer freundlich und herzlich – was nicht heißt, dass in der Sache nicht hart gefeilscht wird"*, berichtet der Geschäftsführer eines Schweizer Pharmaunternehmens.

Auch geschäftliche Verhandlungen sind kaum denkbar ohne einen ausgiebigen Smalltalk, ein Glas Tee oder eine Einladung nach Hause oder ins Restaurant.

Geht es dann in die konkreten Verhandlungen, wird schnell klar: Im Gegensatz zur amerikanischen und deutschen Art, Verhandlungen im Detail anzufangen, neigen türkische Manager dazu, über alle Punkte gleichzeitig zu sprechen. Dann ist es wichtig, sich auf die essenziellen Punkte zu konzentrieren und sich nicht in Details zu verlieren.

Sie werden außerdem feststellen, dass die Uhren in der Türkei des Öfteren langsamer als in Deutschland gehen. Das gilt für Besprechungen wie für Entscheidungen. Sie sollten nicht versuchen, den Lauf der Dinge zu beschleunigen oder Zeitdruck auszuüben. Das Verhandeln ist eine soziale Angelegenheit und gibt dem türkischen Partner auch die Möglichkeit, sich darzustellen und zu beweisen. Er wird zumeist lautstark, mimik- und gestenreich kommunizieren. Daher sollten Sie ihn möglichst nur bei essenziellen Verständnisfragen unterbrechen. Umstrittene Punkte lassen sich auch nach der Präsentation diskutieren.

Eleganter Bauchtanz anstelle von forscher Marschmusik

In den Verhandlungen macht der Ton die Musik. Vermeiden Sie daher apodiktische und strikt ablehnende Äußerungen. Denn: Türkische Partner trennen manchmal zu wenig zwischen Privatem und Geschäftlichem, Sachfragen und Persönlichem. Um diesem Aspekt Rechnung zu tragen, zahlt es sich aus, ganz bewusst eine Trennlinie zwischen der sachlichen Verhandlungsmaterie und der persönlichen Beziehung zu ziehen und diese klar zu kommunizieren. In der Sache kann man hart und ausdauernd verhandeln, sofern man gleichzeitig sicherstellt, dass das Klima angenehm und freundschaftlich bleibt und dass Sie die professionelle Leistung der Gegenseite am Verhandlungstisch anerkennen.

Diese Art der Kommunikation erfordert natürlich viel Fingerspitzengefühl und Diplomatie. *„Man wusste eigentlich nie, wo die persönliche Beziehung aufhört und das Geschäftliche anfängt. Das erfordert ein Höchstmaß an Konzentration während der gesamten Verhandlungen. Andererseits hatte ich am Ende das Gefühl, nicht nur einen Geschäfts-, sondern auch einen Freundschaftsvertrag geschlossen zu haben"*, fasst der deutsche Vertriebsleiter zusammen.

Das Feilschen gehört nicht nur auf den Basar, sondern hat auch seine angestammte Relevanz am Verhandlungstisch. Bitte planen Sie dies bereits bei Ihren Vorbereitungen mit ein, damit es dann in der eigentlichen Verhandlung nicht zu unerwarteten Überraschungen kommt.

4.2.3 Die berufliche Stellung der Frau

Das Management in der Türkei ist modern. Nach den Reformen des Republikgründers Atatürk stiegen viele Managerinnen der Wirtschaft in führende Positionen auf. Kopftücher sind v. a. in den Großstädten nicht allgegenwärtig. Zudem legen Türken sehr viel Wert auf eine gute Bildung und Ausbildung ihrer Kinder – Jungen ebenso wie Mädchen. Denn sie wissen, dass dies als gute Basis für beruflichen Erfolg gilt. *„Im Konkurrenzkampf werden die Besten befördert, nicht nur die besten Männer"*, sagt eine türkische Managerin, die es bis zur Generaldirektorin eines großen Industriekonzerns in der Türkei geschafft hat.

In den wirtschaftlich wichtigsten Städten, wie Istanbul und Ankara, sind Frauen im Geschäftsleben zu 100 % anerkannt. So findet man im mittleren und oberen Management von Banken und Versicherungen prozentual gesehen in der Türkei mehr Frauen als in Deutschland.

Türkische Geschäftsfrauen haben i. d. R. eine sehr gute Ausbildung, haben zumeist im Ausland studiert und beherrschen mehrere Fremdsprachen. Kopftuchträgerinnen sind in den genannten Städten eine ganz seltene Ausnahme.

Natürlich sieht die Akzeptanz gegenüber berufstätigen Frauen und Frauen im Allgemeinen ganz anders aus, wenn man in abgelegenen Städten wie z. B. Konya geschäftlich zu tun hat.

Beispiel

Ich war 2008 mit einem eigenen Stand auf einer Messe der Deutsch-Türkischen Handelskammer in Konya vertreten. Unter den Messebesuchern befanden sich außer mir nur noch vier weitere Frauen sowie ca. 300 Männer. Von den vier Frauen trugen drei ein Kopftuch und die meisten der 300 Männer – dies war auffällig – einen Schnurrbart. Ich habe mich die zwei Tage in Konya richtig unwohl gefühlt. Es hat mich auch kein einziger Mann aus Konya am Messestand angesprochen.

Wie bereits erwähnt, arbeiten in Istanbul sehr viele Frauen in gehobenen Positionen und sind beruflich voll anerkannt. In diesem Zusammenhang ist es interessant, zu wissen, dass türkische Frauen nach 20 Jahren beruflicher Tätigkeit in Pension gehen können. Dies nehmen etliche Frauen mit Mitte 40 in Anspruch, bleiben danach zu Hause und passen auf die Kinder ihrer Töchter oder Schwiegertöchter auf, sodass diese wiederum voll berufstätig sein und Karriere machen können.

Außerdem ist es in Istanbul normal, dass die berufstätige, erfolgreiche Frau zu Hause ein Kindermädchen für die Kinder sowie eine ganztägige Haushaltshilfe hat. Sie wird auch deshalb nicht als Rabenmutter angesehen. Auf diese Weise spielen sich die berufstätigen Frauen frei und sind flexibel, was ihre Arbeitszeiten betrifft.

Aber man kann auch in den großen Städten wie Istanbul oder Ankara geschäftlich auf sehr traditionelle Menschen treffen. Es ist dies jedoch die Ausnahme und von der jeweiligen Branche, in der Sie arbeiten, abhängig.

Beispiel

Ich hatte einmal einen Auftrag von der österreichischen Firma Kores, dem Hersteller von Büroartikeln, im 19. Wiener Gemeindebezirk. Meine Aufgabe war es, eine Marktstudie über den Büroartikelmarkt in Istanbul zu erstellen und in der Folge einen Vertriebspartner bzw. Generalvertreter für die Firma Kores in Istanbul zu finden.

Zu diesem Zweck war ich häufig auf dem Basar, weil sich dort das Zentrum des Großhandels für den Vertrieb von Büroartikeln in Istanbul befindet. Es war eine äußerst spannende und aufregende Aufgabe.

Die potenziellen Vertriebspartner waren einerseits sehr aufgeschlossene und weltoffene Leute, andererseits gab es auch darunter stark Traditionelle, die man aber – mit etwas Erfahrung – schon am Aussehen erkennt. Meist tragen sie Schnurrbart und oftmals Koteletten. Es ist mir passiert, dass ich zu Besprechungen gegangen bin, bei denen mir zur Begrüßung weder die Hand gegeben noch mir aus dem Mantel geholfen wurde.

PRAXISTIPP

Geschäftsbeziehungen mit sehr traditionellen Leuten in der Türkei sind schwierig, da die kulturellen Unterschiede sehr groß sind.

4.2.4 Arbeitszeiten

Der Arbeitsalltag in der Türkei unterscheidet sich sehr vom Arbeitsalltag in Deutschland. In der Türkei gibt es die gesetzliche 45-Stunden-Woche. Überstunden werden i. d. R. verlangt.

Überdies ist – insbesondere in Istanbul – die Länge der Anfahrtszeiten in die Büros oft gewaltig. Mitarbeiter, die auf der asiatischen Seite leben und auf der europäischen Seite von Istanbul arbeiten, was nicht selten vorkommt, brauchen i. d. R. eine bis eineinhalb Stunden pro Strecke, weshalb es für viele Manager sinnvoll ist, einen Chauffeur zu haben. Sie können diese langen Fahrtzeiten nutzen, um bereits im Auto zu arbeiten.

Expatriates, die in die großen Städte der Türkei entsendet werden, werden umhegt. Ihre Unternehmen stellen ihnen Wohnungen in guten Lagen, Schulen für die Kinder, Autos und Chauffeure. Ob und wie tief sie sich integrieren, hängt von ihrer Persönlichkeit und von der Dauer ihres *Assignments* ab.

PRAXISTIPP

Wer den Türken gegenüber offen ist und ihnen zu verstehen gibt, wie gern er in ihrem Land lebt, wird sehr gut aufgenommen.

Die verbindende Sprache ist Englisch. Wer auch privat gerne Englisch spricht, dem stehen in der Türkei alle Türen offen. Wer sich privat jedoch auf Deutsch versteift, findet zwar Anschluss in den deutschen, österreichischen und Schweizer Kreisen, reduziert seinen sozialen Radius jedoch spürbar. Türkische Basissprachkenntnisse vereinfachen v. a. das Alltagsleben und werden sehr positiv registriert.

Gerne werden Westeuropäer als Experten zu lokalen Kundenverhandlungen mitgenommen, denn Türken hören oft auf die Meinung von Westeuropäern. Wenn ein Türke einem anderen sagt: „Dein Auto braucht neue Reifen", zuckt dieser die Schultern und fährt weiter. Sagt dasselbe ein Holländer, ein Deutscher oder ein Österreicher, wird er neue Reifen kaufen.

4.2.5 Fazit

PRAXISTIPPS

- *Zeigen Sie sich flexibel bei Verzögerungen oder unerwarteten Umständen.*
- *Planen Sie keine Geschäfte für die Zeit von Mitte Juni bis August, da die meisten türkischen Geschäftsleute dann ihren Jahresurlaub verbringen.*
- *Gestalten Sie die Verhandlungsvollmachten flexibel, um bei geänderten Rahmenbedingungen vor Ort genügend Optionen zu haben. Dies gilt insbesondere auch für den Umgang mit Behörden, die häufig für Lizenzen und Genehmigungen eingeschaltet werden. Hier ist eine angemessene Politikberatung, insbesondere bei der Frage, welche Behörden mit einbezogen werden sollen, angebracht.*

- *Argumentieren Sie vom Allgemeinen zum Besonderen, dadurch entsteht eine positive Grundstimmung. Umreißen Sie zunächst das generelle Verhandlungsziel.*
- *Definieren Sie dann allgemeine und zustimmungsfähige Aussagen. Liefern Sie erst danach ein konkretes Angebot bzw. Gegenangebot.*
- *Begegnen Sie den Vorbehalten Ihres türkischen Verhandlungspartners konkret, d. h. mit marktkonformen Beispielen und offenen Fragen, überrumpeln Sie ihn dabei aber nicht.*
- *Versuchen Sie, die sachliche von der persönlichen Ebene zu trennen, und machen Sie diese Trennung deutlich.*

Die Türkei hat nicht nur zu Zeiten Atatürks, sondern auch in den letzten Jahrzehnten einen gewaltigen Sprung nach vorne gemacht. Das Geschäftemachen dort ist angenehm, wenn man bestimmte Aspekte wie die persönliche Beziehung, das Interesse am Feilschen und ein oft länger dauerndes Verfahren mit berücksichtigt. Deutsche Geschäftsleute sind hoch angesehen. Wenn Sie obige Gesichtspunkte, gepaart mit deutschen Primärtugenden, beachten und auch das Land und die Kultur, einschließlich einer hervorragenden Küche, genießen, werden Sie als Verhandlungspartner geschätzt. Dann sind die Chancen auf einen Geschäftserfolg in einem Land, in dem Fortschritt und Spaß am Leben durchaus vereinbar sind, relativ wahrscheinlich.

4.3 Akquisition von Kontakten

4.3.1 Meister im Smalltalk

Für die meisten Türken ist die Begrüßung sehr wichtig. Türken wollen nicht sofort zur geschäftlichen Sache kommen. So modern sie sich auch geben mögen, die Herzen der Menschen schlagen orientalisch.

Bevor es ans Verhandeln geht, sollte immer zuerst eine Beziehung aufgebaut werden – nicht zu verwechseln mit hohlem Smalltalk. Türken wollen über ihr Befinden befragt werden. Man redet über die Familie, insbesondere die Kinder, den letzten Urlaub, die Türkei im Allgemeinen, Istanbul etc.

PRAXISTIPP

Abmachungen für Meetings werden i. d. R. eingehalten; die Uhrzeit nicht unbedingt. Daran müssen Sie sich gewöhnen. Von Bewerbern wird jedoch zwingend Pünktlichkeit erwartet!

Die Abarbeitung einer Agenda verlangt Flexibilität und Gelassenheit – vor allem hinsichtlich Reihenfolge und Dauer der einzelnen Punkte. Theoretisch ist zwar das alte Basar-Prinzip des Feilschens überwunden, praktisch jedoch noch immer präsent. Neben dem Preis sind Sicherheit und Verlässlichkeit sehr wichtige Werte!

PRAXISTIPP

Der Dresscode für Geschäftskleidung ist formell bis overdressed, da für Türken die Kleidung den Respekt vor dem Gegenüber ausdrückt. Bitte beachten Sie dies, wenn Sie in die Türkei kommen. Vielfach wird von unseren Landsleuten heutzutage der Bekleidung weniger Beachtung geschenkt. Das kommt bei den türkischen Geschäftsleuten keineswegs gut an.

4.3.2 Gastfreundschaft auf Türkisch

Ganz egal wo Sie hinkommen, es wird Ihnen zuerst einmal Tee oder Kaffee angeboten werden. Türken sind äußerst gastfreundlich und Ausländern gegenüber aufgeschlossen und zuvorkommend. Sie bemühen sich sehr, einen guten Eindruck zu hinterlassen.

PRAXISTIPP

Falls Sie zu einem geschäftlichen Termin ein Geschenk mitnehmen wollen, schenken Sie anfangs nie alkoholische Getränke oder Pralinen mit Alkohol. Es gibt zwar genug Geschäftsleute, die Alkohol trinken, trotzdem gibt es nach wie vor viele traditionelle Türken, die aus religiöser Überzeugung weder Wein noch Pralinen mit Alkoholgehalt anfassen. Hier also bitte Vorsicht! Schenken Sie alkoholische Lebensmittel oder Getränke nur, wenn Sie ganz sicher sind, dass Ihr türkisches Gegenüber auch Alkohol trinkt!

Dies gilt natürlich auch für Restaurantbesuche. Bestellen Sie nie Alkohol für die ganze Runde, ohne dies vorab zu klären.

Das Gastrecht stellt in der Türkei einen sehr hohen Wert dar. Der Besucher soll das Land in bester Erinnerung behalten, es darf ihm an nichts fehlen. In den meisten Fällen wird Ihnen von Ihrem türkischen potenziellen Geschäftspartner sogar angeboten werden, dass Sie ein Fahrer vom Flughafen bzw. Hotel abholen und Sie zum Hotel bzw. vereinbarten Besprechungsort bringen wird. Die meisten Unternehmen haben in der Türkei einen oder sogar mehrere Chauffeure bzw. Fahrer, die sie dauerhaft beschäftigen. Dies gehört zum Status eines erfolgreichen Unternehmens. Viele Manager, insbesondere CEOs (*Corporate Executive Officers*) und Geschäftsführer, haben i. d. R. einen eigenen Chauffeur, der sie am Morgen ins Büro bringt bzw. zu allen geschäftlichen, aber auch privaten Terminen fährt.

Türkische Geschäftsleute kümmern sich i. d. R. um ihre ausländischen Gäste von früh bis spät. Man wird Sie zum Mittagessen und auch Abendessen einladen, in etwaigen geschäftlichen Pausen zu den Sehenswürdigkeiten fahren etc.

PRAXISTIPP

Diese gemeinsamen Mittag- bzw. Abendessen sind wichtige Bestandteile des Beziehungsaufbaus. Schlagen Sie diese daher nur in Notfällen aus. Einladungen abzulehnen, kommt einem Affront gleich!

Die Rechnung übernimmt immer der Gastgeber. Für ihn ist es beleidigend, wenn sein Gast die Rechnung oder seinen Teil davon begleicht, was unter Türken sogar abfällig als „deutsche Sitte" bezeichnet wird.

Es soll aber hier nicht unerwähnt bleiben, dass türkische Geschäftsleute, die nach Deutschland kommen, auch umgekehrt von den Deutschen dieselbe Gastfreundschaft erwarten. Sie würden Sie dies zwar nie spüren lassen, trotzdem sind Türken enttäuscht bzw. gekränkt, wenn sie nicht vom Flughafen abgeholt werden und alleine mit dem Taxi zum Hotel bzw. Besprechungsort fahren müssen oder wenn Sie nicht mit ihnen zum Essen gehen, sondern am Abend im Hotel sich selbst überlassen sind.

Wenn wir aktuell von der Türkei sprechen, dann sprechen wir in erster Linie von Geschäftstätigkeiten in Städten wie Istanbul und Ankara. Die kulturellen Unterschiede im Land selbst zwischen diesen entwickelten Städten – dazu gehören beispielsweise auch Izmir, Antalya, Bodrum, Bursa, Kayseri und einige wenige andere – und dem Rest der Türkei sind nach wie vor gewaltig.

4.4 Aufbau von Vertriebskooperationen

4.4.1 Einleitung

Der Markteintritt in die Türkei bedarf einer gründlichen Vorbereitung. Man sollte z. B. über Prospekte oder eine Homepage in der Landessprache verfügen, auf lokalen Messen präsent sein, um das Netzwerk vor Ort auszubauen, und durch Produktanzeigen in Fachzeitschriften auf die eigenen Angebote aufmerksam machen. Bei der geplanten Vertriebstätigkeit vor Ort stellt sich die Frage, ob man den Vertrieb direkt oder mithilfe von Dritten organisiert. Da der Direktvertrieb häufig mit einem großen administrativen Aufwand verbunden ist, entscheiden sich viele Unternehmen dafür, die Vertriebsaktivitäten über lokale Distributoren (Vertrieb im eigenen Namen und auf eigene Rechnung) oder über Handelsvertreter (Vertrieb im Namen des Geschäftsherrn und auf dessen Rechnung) abzuwickeln.

Bevor mit Distributoren oder Handelsvertretern verhandelt wird, gilt es, zu entscheiden, welche Form des Vertriebs bevorzugt wird. Diese strategische Entscheidung wirkt sich sehr stark auf die Art des Vertrages aus, der ausgehandelt werden muss.

Der Distributor hat den Vorteil, dass er geringe Kosten verursacht und aufgrund seiner selbstständigen Arbeitsweise viele Verantwortlichkeiten, wie z. B. die komplizierte Zollabwicklung, selbst trägt. Allerdings läuft man Gefahr, dass die eigenen Produkte nur einige von vielen im Portfolio des Distributors sind und deshalb sein Interesse an ihrem Verkauf oder eventuellen Serviceleistungen eher gering ist.

Die Vor- und Nachteile, die das Engagement eines Distributors mit sich bringen, müssen bei der Vertragsgestaltung bedacht werden. Bei Distributoren ist es v. a. entscheidend, die Vergabe von exklusiven Distributionsrechten auszuhandeln. Eine exklusive Vergabe dieser Rechte an einen Distributor ohne Einschränkungen könnte die Realisierbarkeit der vereinbarten Ziele erheblich erschweren.

Bei der Realisierbarkeit kommt es auf die richtige Auswahl des lokalen Geschäftspartners an. Hier sind folgende drei Kriterien wesentlich:

- Der Partner sollte schon einmal identische oder ähnliche Produkte verkauft haben, weil er dann bereits über Erfahrungen und entsprechende Kontakte verfügt.
- Seine Reputation sollte einwandfrei sein. Dies gilt insbesondere bei technischen Produkten, deren langfristiger Erfolg auf einem Markt erheblich von der Servicequalität abhängt.
- Außerdem sollte der Partner über nachvollziehbare Referenzen (idealerweise von Kunden) verfügen.

Nur wenn alle drei Kriterien erfüllt sind und der Distributor sein Interesse am zu vertreibenden Produkt (einschließlich Kundendienst) glaubwürdig darlegen kann, sollte man eine solche Bindung eingehen. Vor den Verhandlungen sind deshalb diese Kriterien eingehend zu überprüfen.

PRAXISTIPP

Als Geschäftspartner wählt man für gewöhnlich eine Person, die aus der Türkei kommt und über einen entsprechenden Erfahrungshorizont verfügt. Hier kommt wieder der Aspekt der interkulturellen Besonderheiten bei Verhandlungen ins Spiel: Man muss sich immer bewusst sein, dass der Verhandlungspartner einen anderen kulturellen Hintergrund hat.

4.4.2 Erfolgreiche Akquisition von und Kooperation mit Distributoren

Nr.	Schritt/Bezeichnung	Methoden	Ergebnis
1	Kick-off-Meeting	Briefing (Ziele, Vorstellungen, Erwartungen, *Do's/Don'ts*)	Zieldefinition; Idealprofil Distributor (regional vs. exklusiv, Fokus, Portfolio)
2	Erstellung eines Anforderungsprofils	Briefings (Branche, Produkte, Unternehmen)	Anforderungsprofil
3	Recherche/Analyse	Internetrecherche (branchenspezifische *Business Directories* u. Ä.)	*Long-Longlist*
4	Kontaktaufnahme zu potenziellem Distributor; Prüfung/Passung/Interesse	Anruf; E-Mail	*Longlist*; Kurzdossiers

Nr.	Schritt/Bezeichnung	Methoden	Ergebnis
5	Erstellung einer *Shortlist*	Auswahl geeigneter Distributoren/Eingrenzung	*Shortlist* (fünf bis acht potenzielle Distributoren)
6	Besuch potenzieller Distributoren *Short-Shortlist*	persönliche Gespräche/Besuche vor Ort	*Short-Shortlist*; Vorauswahl von einem bis drei potenziellen Distributoren (evtl. mit Ranking)
7	Evaluation	Fragebogen, Telefoninterviews; Einholen von Referenzen, zusätzliche Internetrecherche/ Schnittstellen	ausführlichere Dossiers zu den Distributoren; Vorauswahl
8	Auswahl Distributor(en)	Vertragsgestaltung (bei Bedarf Unterstützung durch türkische Rechtsberatung)	unterzeichneter Distributorenvertrag
9	Distributorenworkshop(s)	3-stufige Workshop-Reihe	Sicherstellung der operativen und strategischen Nachhaltigkeit

Tab. 9: Auswahl von Distributoren in neun Schritten

4.4.2.1 Briefing

Zu Beginn der Distributorensuche sollten umfangreiche Gespräche innerhalb des Unternehmens stattfinden, um einen ersten Überblick über dieses Projekt zu gewinnen und um zugrunde liegende Motivationen bzw. Herausforderungen für den Markteintritt in die Türkei besser kennenzulernen. Es ist nicht ungewöhnlich, dass zumindest zu Beginn eines solchen Schrittes die Vorstellungen von verschiedenen Schlüsselpersonen nicht unbedingt deckungsgleich sind. Um etwaige Missverständnisse und Uneinigkeiten aus dem Weg zu räumen, ist ein ausführliches Briefing unumgänglich und stellt den ersten wichtigen Meilenstein für den Erfolg der Distributorensuche in der Türkei dar. Immer wiederkehrende Fragen in diesem Zusammenhang sind:

- Philosophie, Zielsetzung, strategische Positionierung und Kennzahlen des angestrebten Markteintritts
- Festlegung des Anforderungsprofils
- Definition der vertraglichen Rahmenbedingungen für die Kooperation
- zusätzliche Informationen, die für eine erfolgreiche Zusammenarbeit mit dem Distributor bzw. einer möglichen Vertretung in der Türkei relevant sein können
- Definition und Evaluierung von Schnittstellen für die Kommunikation zwischen Hauptquartier und Distributor

Diese Fragen können erst nach einer ausführlichen Analyse des bestehenden Geschäfts beantwortet werden, die wiederum die Grundlage für die Definition des Anforderungsprofils bildet.

4.4.2.2 Erstellung eines Anforderungsprofils

Auf der Basis des vorangegangenen Briefings und der darin gewonnenen Informationen wird ein ausführliches Anforderungsprofil erarbeitet. Hierbei werden folgende Schwerpunktthemen behandelt:

- Aufbau eines Distributorennetzes oder einer einzelnen Kooperation
- Zusammenarbeit mit den Distributoren (Lagerlogistik usw. durch die Distributoren) und Distributorenkoordination

Das Anforderungsprofil sollte dann in seiner abgestimmten Version ins Türkische übersetzt werden. Für den Aufbau eines Distributorennetzes bzw. einer einzelnen Kooperation ist das die Grundlage für die anschließende Suche und Auswahl entsprechender Distributoren. Es garantiert, dass potenzielle Distributoren die richtigen Informationen erhalten.

Im Anschluss an diese ausführlichen und sorgfältigen Vorbereitungsmaßnahmen beginnt die eigentliche Suche und Auswahl der Distributoren.

4.4.2.3 Systematische Suche

Bei der tatsächlichen Suche gilt es, zunächst spezifische Industriesparten sowie die Wünsche und Anforderungen, die das Unternehmen an diese Kooperation hat, zu analysieren. Während des Suchprozesses werden mit geeigneten Quellen passende Distributoren in der Türkei identifiziert und anschließend angesprochen. Im Folgenden sind einige Fragen und Kriterien aufgelistet, die es gilt, vor diesem Vorhaben zu berücksichtigen:

Anzahl der Distributoren pro Region/Land

- bei **einem** Distributor:
  - exklusiv oder nicht exklusiv?
  - Definition der Exklusivität
  - Mindestabnahmemengen, Territorien oder andere Parameter, die die Exklusivität definieren
- bei **mehreren** Distributoren:
  - regionale Abgrenzung
  - Produktabgrenzung
  - Abgrenzungskriterien
  - Mindestabnahmemengen, Territorien oder andere Parameter, die die Exklusivität definieren
  - Aber auch hier gilt die Festlegung, ob exklusiv oder nicht exklusiv, sowie die Definition der Distributionsvergabemengen, die die Exklusivität definieren.

Koordination der Distributoren

- ein Hauptdistributor und Distributoren unter ihm?
- gleichrangige Distributoren in einer Region?

Ein möglicher Problemfall sind persönliche Kontakte eines Distributors in der Region eines anderen. Wie ist damit umzugehen?

Distributorenmanagement (durch Prinzipal)

Anschließend wird im operativen Prozess eine *Longlist* der gefundenen Distributoren aufgestellt. Diese dient als Basis zur Evaluierung der Firmen, woraus schließlich eine *Shortlist* mit möglichen Vertriebspartnern erstellt wird. Dabei gilt es, die folgenden Aspekte zu beachten:

Evaluierung von Distributoren

- Referenzen
- Produktportfolio
- Serviceportfolio (falls anwendbar)
- Schnittstellen zum Prinzipal (und ggf. zu anderen Distributoren)
- Schlüsselpersonen innerhalb der Organisation des Distributors
- Schnittstellen zwischen Schlüsselpersonen und Ansprechpartner im Hauptquartier

Mit den Distributoren der *Shortlist* wird anschließend je nach Möglichkeit in einem Telefon- bzw. Skype-Interview oder in persönlichen Interviews kommuniziert, um das Interesse an der Zusammenarbeit und die Übereinstimmung mit dem Anforderungsprofil zu prüfen. Von den daraus verbliebenen infrage kommenden Distributoren sollten nochmals Referenzen eingeholt werden. Zusätzlich sind Fragen zur Organisation des Distributors, der Beständigkeit der Geschäftsbeziehung und zu Chancen und Risiken im Hinblick auf eine Kooperation durch eine genaue Internetrecherche zu klären.

4.4.2.4 Veranstaltung verschiedener Workshops

Um den erfolgreichen Einsatz der Distributoren sicherzustellen, sollte auf die Durchführung von Workshops mit den für die Türkei im Mutterhaus tätigen Schlüsselpersonen des Unternehmens sowie dem Personal in der Türkei, inkl. des Personals der Vertriebspartner, nicht verzichtet werden. Ziel dieses Teils der Distributorensuche ist es, einerseits Mechanismen zur Sicherstellung der operativen und strategischen Nachhaltigkeit zu entwickeln, andererseits Arbeitsbeziehungen und -ebenen zu definieren und effektiv einzusetzen. Ein erster Workshop sollte vor oder nach der Unterzeichnung des Distributorenabkommens unter folgenden Gesichtspunkten durchgeführt werden:

- Get-together/Brainstorming
- Definition und Evaluierung der Schlüsselpersonen bei Distributor und Prinzipal
- Festlegung von Meilensteinen (auch im Hinblick auf die beiden fakultativ folgenden Workshops)
- Definition der Schnittstellen zwischen Unternehmen und Distributor
- interkulturelle Erwägungen
- Arbeitsabläufe/Kommunikation/Logistik und andere Erwägungen bei der Interaktion zwischen Unternehmen und Distributor

Nach einem halben bis einem Jahr bietet es sich möglicherweise an, in einem weiteren Workshop die Zusammenarbeit einer operativen und transaktionalen (d. h. die zwischenmenschliche Kommunikation betreffenden) Analyse zu unterziehen und ggf. Follow-up-Mechanismen auszuarbeiten. Um die Entwicklung und Erfahrung der Teilnehmer in dem Projekt zu überprüfen, eignet sich nach einem bis eineinhalb Jahren ein letzter Workshop unter dem Motto *Lessons learned*, aus welchem die Entwicklung weiterer Follow-up-Mechanismen für eine mittelfristige Kooperation hervorgehen kann.

4.4.2.5 Vorteile der methodischen Suche mit Evaluierung und Analyse

Bei dieser Vorgehensweise handelt es sich um eine substanziierte Evaluierung vor der Vertragsunterzeichnung mit dem Distributor in der Türkei. Dieser Informationslevel übertrifft die Informationen, die man lediglich beim Einholen von Referenzen erhält.

Die detaillierte Evaluierung und potenzielle Modifizierung verschiedener Parameter unterstützen eine erfolgreiche Kooperation zwischen Unternehmen und Distributor v. a. im Hinblick auf die Kommunikation, den Arbeitsfluss, die Logistik, den Kundendienst, das Schlüsselpersonal etc.

Mit dieser Methode erleidet man kaum oder sogar keinen Zeitverlust und v. a. besteht ein geringeres Risiko bei der Auswahl des richtigen Distributors in der Türkei.

4.4.2.6 Fallstricke

Viele, gerade deutsche und österreichische Unternehmen habe ich in der Türkei Schiffbruch erleben sehen, weil sie sich auf die „falschen" Leute verlassen haben. Die Zusammenarbeit mit „falschen" Leuten hat ihren Ruf geschädigt bzw. dadurch ist das eine und andere Unternehmen auch um viel Geld betrogen worden und/oder wurden Geschäfte auf eigene Rechnung gemacht. Ich rate Ihnen daher, sehr vorsichtig zu sein und bei renommierten, anerkannten, in der Türkei lebenden Geschäftsleuten oder beim deutschen Generalkonsulat und/oder der Außenhandelskammer über potenzielle Mitarbeiter Informationen einzuholen. Es lässt sich i. d. R., wenn man sich an die richtigen Leute wendet, sehr leicht die Seriosität eines potenziellen zukünftigen Geschäftspartners herausfinden. Diese Informationen sind im Nachhinein Gold wert!

Sogar renommierte internationale Unternehmen lassen sich immer wieder auf Leute ein, die sie zu Beginn zu blenden und zu überzeugen verstehen, die jedoch im Nachhinein oft viel ideellen sowie materiellen Schaden hinterlassen.

Es gibt sehr viele professionelle, sehr gut ausgebildete Personen mit sehr guten Fremdsprachenkenntnissen und sehr hoher Verlässlichkeit in der Türkei. Lassen Sie sich deshalb bei der Personalauswahl Zeit und lassen Sie sich gut beraten! Ihr Geschäftspartner vor Ort ist Ihr Aushängeschild und von ihr/ihm hängt der mittel- bzw. langfristige Ruf Ihres Unternehmens ab. Außerdem wird Ihnen der richtige Mann bzw. die richtige Frau wertvolle Tipps bei der Auswahl von weiteren Mitarbeitern geben können.

PRAXISTIPP

Der richtige Partner wird sich auch in der Folge an die seriösen Beratungsfirmen wenden und mit diesen zusammenarbeiten, wenn es um die Firmengründung, die Auswahl der Büroräumlichkeiten, die Steuer- und Wirtschaftsberatung und/oder sonstige Zulieferunternehmen und Kunden geht.

Trotzdem empfehle ich Ihnen, in jedem Fall die Führung der Geschäfte und insbesondere der Finanzen bzw. der Buchführung regelmäßig vor Ort zu kontrollieren bzw. zu überprüfen.

4.4.3 Optimierung der Marktpräsenz

Nach dem Markteinstieg mit der Hilfe eines Distributors ist der Kooperationspartner ein wichtiges Werkzeug bei der später folgenden Optimierung der Präsenz des Unternehmens auf dem türkischen Markt. Diese kann durch Erweiterung des Distributionsnetzwerks sowie durch eine eigene Niederlassung in der Türkei erreicht werden.

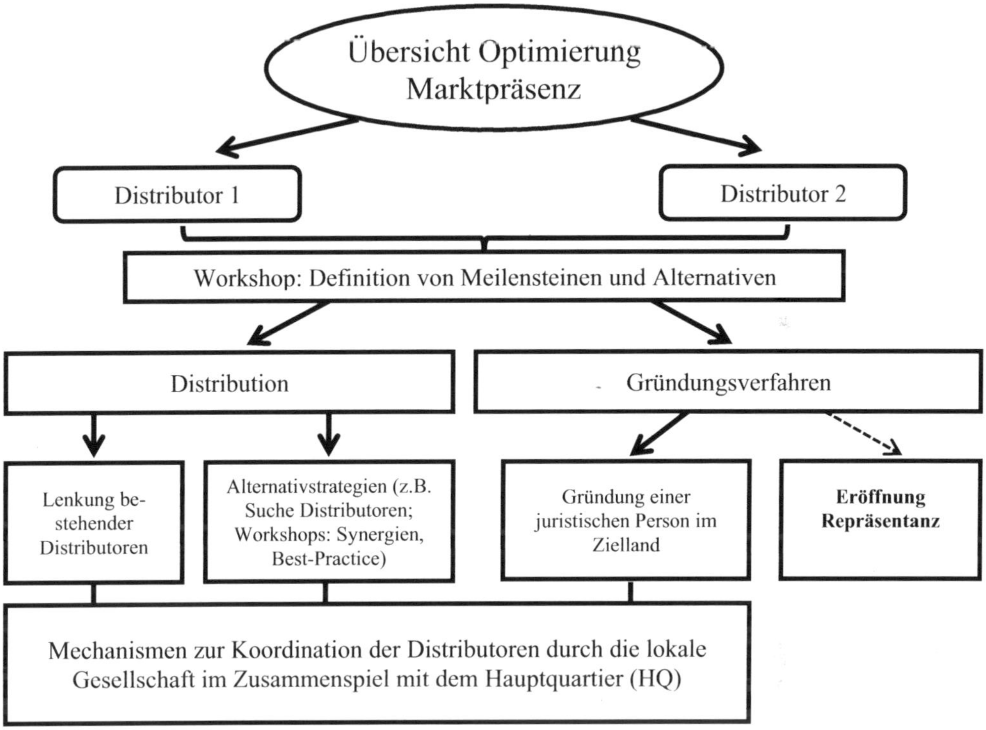

Abb. 11: Übersicht Optimierung Marktpräsenz

Bei solch einem Projekt sind zunächst die gleichen Aspekte wie bei der erstmaligen Suche nach einem geeigneten Distributor in der Türkei zu beachten. Auf der Basis eines ausführlichen Briefings, bei dem Motivation und Vorstellungen an das Vorhaben analysiert werden, wird ein Anforderungsprofil für die anschließende Suche erstellt. Für die bereits bestehenden Vertriebspartner in der Türkei ist eine genauere Betrachtung notwendig.

4.4.3.1 Analyse der bestehenden Distributorenverhältnisse

Schritt 1: Evaluation der Vertriebspartner

Zunächst ist der Status quo der Vertriebspartnerschaft anhand folgender Punkte festzustellen:

- Umsatzentwicklung
- rechtliche Rahmenbedingungen des Distributorenvertrages (Exklusivität, Laufzeit und Kündigungsmöglichkeiten, Mindestabnahmemengen, ...)

- Marktpotenziale
- *Pricing* und Kalkulation der Distributoren, Importstruktur
- Lager, Logistik
- Vertriebsstrukturen (z. B. welche Regionen werden vom Distributor abgedeckt bzw. verfügt der Distributor über Partner in den Regionen?)
- Einführung aktueller neuer Produkte?
- marktspezifische Produkte? Werden Produkte für den Zielmarkt entwickelt?
- Aftersales-Service

Anschließend erfolgt die Feststellung der Positionierung des Vertriebspartners im türkischen Markt mithilfe dieser Fragen:

- Wie stark ist der Vertriebspartner im türkischen Markt aufgestellt?
- Werden Marktpotenziale ausgeschöpft?
- Wie ist der wirtschaftliche Hintergrund des Partners?

Schritt 2: Handlungsempfehlungen

Mittels der Evaluation ergeben sich Handlungsempfehlungen für die weiteren Vertriebsaktivitäten auf dem türkischen Markt. Diese könnten sein: einerseits der Austausch des Distributors, soweit dies rechtlich möglich ist, oder andererseits die Erweiterung des Distributorennetzwerks ohne Exklusivität, außerdem eine Verstärkung der Zusammenarbeit mit dem Vertriebspartner bzw. eine stärkere Lenkung dessen. Die Gründung einer eigenen (Vertriebs-)Tochtergesellschaft in der Türkei ist eine weitere Möglichkeit, insofern dies wirtschaftlich durchführbar ist.

Schritt 3: Umsetzung der Handlungsempfehlungen

Letztendlich bedarf es einer erfolgreichen Umsetzung der Handlungsempfehlungen. Dafür kann ein Projektpartner zur Unterstützung und Beratung, v. a. im betrieblichen Bereich mit juristischem Hintergrund, angebracht sein.

4.4.3.2 Lenkung der bestehenden Distributoren

Konstellationen mit mehreren Distributoren, die sich einen Markt teilen, bergen ein erhöhtes Konfliktpotenzial. Im Zusammenhang damit entsteht die Frage, ob die bestehenden Distributoren in der Lage sind, den nächsten großen Schritt zu gehen (Ressourcen, Strategie etc.) und weitere Vertriebspartner in ihrem Verbund zu akzeptieren. Auch sollte die Problematik der Zahlungsmoral näher beleuchtet werden.

Die Gründe für eine schleppende bzw. für das (westliche) Management nicht zufriedenstellende Entwicklung sind häufig in dem Spagat zwischen den Gegebenheiten des türkischen Marktes und den Erwartungen bzw. den Strategien aus Westeuropa begründet. Auch die Unterschätzung der Mentalitätsunterschiede zwischen der westeuropäischen Führung einerseits und türkischem Management und Mitarbeitern andererseits spielt eine wichtige Rolle. Im Rahmen der Analyse der bestehenden Vertriebswege sind folgende Aspekte einzubeziehen:

- Analyse von Konfliktpotenzialen in der Zusammenarbeit zwischen Unternehmen und Distributoren

- Identifizierung von Verbesserungs- und Einsparmöglichkeiten (z. B. Abgrenzung durch Region, Kunden, Produkte)
- umfassende Evaluation der Distributoren verbunden mit einer fokussierten Prüfung und Analyse der Organisationen und Strukturen
- Koordination der Distributorenaktivitäten

Anschließend sind die nächsten Schritte festzulegen. Bei der Umsetzung können Erfahrungen und Wissen aus anderen Ländern eingebracht werden: Vertrieb in der Türkei funktioniert genauso wie in anderen Ländern auch. Zwar können konkrete Aussagen erst nach einer ausführlichen Analyse des bestehenden Geschäftes beantwortet werden, jedoch lässt sich allgemeingültig sagen, dass Exklusivverträge mit Distributoren für bestimmte Produkte oder Produktgruppen mittlerweile nicht mehr zu empfehlen sind.

4.4.3.3 Weitere Suche

Für die systematische Suche nach weiteren Distributoren ist die bestgeeignete Vorgehensweise die Direktsuche. Dabei wird besonderes Augenmerk auf jene Distributoren gelegt, die überwiegend andere Vertriebskanäle benutzen bzw. andere Regionen bedienen als die bestehenden Distributoren, da diese ihre Marktsegmente i. d. R. bereits gut abdecken. Hierzu gehören folgende Schritte:

- Erarbeitung einer Zielfirmenliste, die potenziell anzusprechende Unternehmen enthält
- gezielte Suche auf Basis dieser Liste
- Identifikation und Ansprache potenzieller Distributoren
- fokussierte Prüfung und Analyse der Organisationen der infrage kommenden Distributoren
- telefonische Vorabinterviews mit interessierten Distributoren zur Feststellung, ob
  - das definierte Anforderungsprofil erfüllt wird
  - Motivation und Kooperationsbereitschaft vorhanden sind
- Analyse und Evaluierung der Organisation des Distributors, einschließlich der wesentlichen Schnittstellen, die später relevant werden

PRAXISTIPP

Auch bei der erneuten Suche nach Distributoren eignet es sich, nach der unter 4.4.2 „Erfolgreiche Akquisition von und Kooperation mit Distributoren" vorgestellten Methodologie vorzugehen. Da das Gesamtkonzept aus einem Modulsystem besteht, ist es nicht nur auf neue, sondern im Hinblick auf die Workshops auch auf bestehende Distributoren anwendbar.

4.4.4 Ausblick

Nachdem ein geeigneter Distributor gefunden wurde, wird durch die Analyse des Kooperationsverhältnisses die Zusammenarbeit gefestigt und verbessert. Es ist wichtig, sich die eigenen Vorstellungen über die Präsenz des Unternehmens in der Türkei klarzumachen und den Distributor dementsprechend einzubinden, das Netzwerk zu erweitern oder die Gründung einer eigenen Tochtergesellschaft in Erwägung zu ziehen. Dabei gibt es allerdings verschiedene Aspekte in wirtschaftlicher sowie rechtlicher Hinsicht zu beachten.

FAZIT

Eine gute Vorbereitung ist essenziell für eine erfolgreiche Distributorensuche in der Türkei. Oftmals ist es sinnvoll, Berater zielgerichtet innerhalb der einzelnen Schritte einzusetzen und sich bei der Umsetzung des Projektes von Spezialisten unterstützen zu lassen. Mit einer durchdachten und detaillierten Vorgehensweise ist die Suche des passenden Distributors in der Türkei erfolgversprechend.

4.5 Personalrekrutierung in der Türkei

4.5.1 Einleitung

Personalsuche, sowohl auf Führungs- als auch auf Mitarbeiterebene, ist für Unternehmen, die sich in der Türkei etablieren möchten, immer wieder ein großes Thema. Die Suche nach Personal gestaltet sich aufgrund der spürbaren Knappheit an qualifizierten Fachkräften und anderer Einflussfaktoren als schwierig. Selbst nach einer erfolgreichen Einstellung kommt es immer wieder vor, dass die neu gewonnenen Mitarbeiter das Unternehmen „aus heiterem Himmel" kurzfristig wieder verlassen, sodass ein Vakuum entsteht.

Kein anderer Faktor hat so viel Einfluss auf die Zukunft eines Unternehmens – sowohl im positiven als auch im negativen Sinne – wie die Internationalisierung. Von der Entscheidung, in der Türkei zu investieren, bis hin zur funktionierenden Niederlassung ist es jedoch ein weiter Weg. Häufig besteht der erste Schritt darin, eine einzelne Person in das Land zu schicken, um dort Fuß zu fassen. Erst wenn das Unternehmen auf diese Weise einen Marktzugang gewonnen hat, ist es in der Lage, zu expandieren und seine Position zu stärken. Personalsuche und -entsendung sind also ein wesentlicher Bestandteil jedes Internationalisierungsvorhabens.

Wenn sich im Zuge der Globalisierung Berufsbilder auch weltweit etwas angleichen, ist die Art und Weise, wie ein Job in der Praxis in anderen Ländern ausgeführt wird, sehr unterschiedlich. Das Bewusstsein für kulturelle, soziale und wirtschaftliche Unterschiede ist sowohl für die ersten Gespräche mit einem möglichen Kooperationspartner als auch für den späteren Umgang mit den Mitarbeitern wichtig. Ohne ein gehöriges Maß an Feingefühl macht man sich das Leben und die Geschäfte schwer.

Die mangelnde Fähigkeit und/oder Bereitschaft von Managern, ihr Verhalten unterschiedlichen Kulturen und Umgebungen anzupassen, macht das Identifizieren von Fach- und Führungskräften, die für einen Gang ins Ausland geeignet sind, für ein Unternehmen zu einem äußerst schwierigen Geschäft. Sogar Kandidaten, die ein internationales Profil aufweisen, sind in der Praxis auf eine internationale Tätigkeit oft nur unzureichend vorbereitet. Weil sie bisher bei gelegentlichen Geschäftsreisen ins Ausland erfolgreich waren, wird angenommen, dass dieser Erfolg auf eine längerfristige Stellung im Ausland übertragen werden kann.

Leicht erliegt man dem Trugschluss, dass die wichtigsten Aspekte des Geschäftemachens überall auf der Welt dieselben sind und dass v. a. Geschäfte in der gleichen Branche in anderen Ländern ähnlich abgewickelt werden. Diese Annahme erweist sich als verhängnisvoll – gerade, was den direkten und persönlichen Kontakt mit Geschäftspartnern vor Ort angeht. Denn trotz E-Mail, Internet, Mobilfunk und allen anderen Formen der modernen Kommunikation muss man in fremden Ländern mit einer gewissen Sensibilität für die Nuancen der landesspezifischen Denkweisen und Verhaltensweisen ausgestattet sein.

Diese kulturellen Faktoren sind jedoch zunächst einmal sehr vage und schwer zu benennen. Sie in der unternehmerischen Praxis umzusetzen, ist nicht einfach und wird in der Hektik des operativen Alltagsgeschäfts oft vernachlässigt. Aber Erfahrungswerte aus den inländischen Aktivitäten sind meist nicht eins zu eins übertragbar und vermeintliche *Best Practices* werden in der Türkei kaum oder gar nicht erfolgversprechend sein.

Die Besetzung von Positionen im Ausland sollte daher sorgfältig geplant und durchgeführt werden, denn die Türkei unterscheidet sich in ihren Geschäftsstrukturen deutlich von europäischen Gepflogenheiten und hat ihre ganz eigenen Stolpersteine. Doch wie soll ein Unternehmen mit Sitz in München qualifizierte Mitarbeiter in 2.000 Kilometern Entfernung finden? Wer kann eine Entscheidung darüber treffen, ob ein eigener Mitarbeiter für einen Einsatz in der Türkei geeignet ist? Wie kann man Kontakt aufnehmen mit Menschen, deren Sprache man nicht spricht und deren Kultur man nicht kennt? Neben all diesen Fragen muss das operative Geschäft weiterlaufen, das während der Erweiterung des Geschäftsbereichs nicht vernachlässigt werden kann. In solch einem Fall empfiehlt es sich, einen Personalberater einzusetzen und einen internationalen Suchauftrag zu vergeben.

4.5.2 Wie findet man geeignete Mitarbeiter für die Türkei?

Zu Beginn der Überlegungen sollte man sich darüber klar werden, wie die Personalauswahl für den Auslandseinsatz vorgenommen werden soll. Es ist dringend davon abzuraten, solche Entscheidungen aus dem Bauch heraus und in Eigenregie zu treffen. Selbst wenn der Geschäftsführer oder Personalleiter glaubt, über fundierte Kenntnisse der Türkei zu verfügen und beurteilen zu können, wer für einen Einsatz dort geeignet ist, sollte man in jedem Fall einen Experten zurate ziehen. Aber Vorsicht: Wenn Sie einen Personalberater engagieren, achten Sie darauf, ob er sich nur das Label „international erfahren" auf die Fahne schreibt oder ob er es wirklich ist.

Wichtig ist deshalb, sich das Profil des Beraters zeigen zu lassen, aus welchem der Erfahrungsumfang in der Türkei eindeutig hervorgehen muss. Am sinnvollsten ist es, sich gezielt an ein international tätiges Beratungsunternehmen zu wenden. Diese beschäftigen in ihren ausländischen Niederlassungen zumeist lokale Berater, die genau wissen, welchen Anforderungen ein Kandidat genügen muss, und bereits eine Vielzahl von Suchaufträgen abgewickelt haben. Die daraus gewonnenen Erfahrungen können für das eigene Projekt von großem Nutzen sein.

Der richtige internationale Berater ist ein „Wanderer zwischen den Welten" – auf der einen Seite die lokale Welt der Kandidaten, auf der anderen Seite die Welt westeuropäischer Hauptquartiere mit ziemlich unterschiedlichen Vorstellungen in Sachen Einschätzung, Zeitablauf, Motivation, Eignung, Gehaltsvorstellung usw. Hier gilt es, mit viel Flexibilität und Konsistenz beide „Welten" zusammenzubringen und Mechanismen vorzuschlagen, die die Parteien dabei unterstützen, nachhaltig zusammenzuarbeiten. Der Berater sollte auch die Sprache seines Klienten fließend beherrschen, damit es bei der Auftragserteilung und -abwicklung nicht zu Missverständnissen kommt.

Ein Personalberater mit idealerweise langjähriger Erfahrung in der Türkei kennt die erforderlichen Eigenschaften und ist in der Lage, die Eignung einzelner Kandidaten sowohl in Bezug auf das Agieren auf dem türkischen Markt als auch in Bezug auf das Zusammenspiel mit dem westlichen Hauptquartier einzuschätzen.

Das Engagement eines interkulturell versierten Personalberaters verfolgt zwei Hauptziele:

- Evaluation des Mitarbeiterpotenzials im eigenen Unternehmen: Kommt jemand als Expatriate für die Türkei in Betracht?
- Suche und Auswahl von Mitarbeitern vor Ort, die lokales Know-how besitzen und für die Arbeit in einem internationalen Unternehmen geeignet sind

Die Personalberatung kann das Unternehmen neben der klassischen Rekrutierung, welche immer das Kerngeschäft bleibt, aber auch in weiteren Aspekten beim Markteintritt in der Türkei unterstützen. Dazu gehören:

- Marktanalyse: Überprüfung der wirtschaftlichen Entwicklungsmöglichkeiten einer Branche
- Partnersuche: strategische Beratung bei der Suche nach geeigneten Allianzpartnern
- Gründung einer Niederlassung: personelle Ausstattung der Niederlassung oder einzelner Positionen
- nachgelagerte Beratung: Problemanalyse und -behandlung bei bestehenden Niederlassungen

4.5.3 Die interne Lösung

Wenn die Wahl auf einen Personalberater gefallen ist, wird im zweiten Schritt gemeinsam erarbeitet, ob interne Mitarbeiter als Kandidaten infrage kommen. Der Kreis derjenigen, die aufgrund ihrer persönlichen Lebensplanung die Herausforderungen eines längeren Auslandsaufenthalts annehmen können und wollen, ist i. d. R. recht klein. Diese Mitarbeiter müssen systematisch auf ihre Eignung für eine Tätigkeit in der Türkei hin geprüft werden. Dabei bedienen sich Berater unterschiedlicher Instrumente wie Einzelinterviews, *Assessments* und *Management Audits*. Mithilfe dieser Beurteilungsinstrumente werden nicht nur die fachlichen und persönlichen Fähigkeiten eines Kandidaten, sondern auch die interkulturellen Anforderungsdimensionen getestet. Aspekte wie Sensibilität, Frustrationstoleranz, Lernbereitschaft, Selbstvertrauen, Selbstreflexion und Vorurteilsfreiheit sind für einen Auslandsaufenthalt unverzichtbar und stellen ein Schlüsselkriterium für die Eignung dar.

4.5.3.1 Personalentwicklung

Internationale Firmen erkennen zunehmend die Notwendigkeit, Expatriates und deren Familien auf den Auslandseinsatz vorzubereiten. Ein Baustein dieser Vorbereitung sollte ein interkulturelles Training sein. Dieses bietet weitaus mehr als nur die Vermittlung von Sprachkenntnissen: Auch Themen wie Sozialverhalten, Geschlechterrollen oder das Verhalten in Krankheitsfällen werden intensiv behandelt. Die Dauer und das Ausmaß des Trainings hängen direkt mit der Länge und Komplexität des Auslandseinsatzes zusammen; ein bis zwei Tage Intensivtraining genügen sicherlich nicht. Die relativ hohen Investitionskosten eines solchen Trainings sollten nicht abschrecken, denn sie machen sich in jedem Fall bezahlt, da die Misserfolgsraten bei Entsendung nach einem hochwertigen Training erheblich sinken. Anbieter von interkulturellen Trainings gibt es reichlich.

Manche Institute haben sich auf ein Zielland spezialisiert, während andere gleich mehrere Länder im Programm haben. Es sollte darauf geachtet werden, dass mindestens ein Trainer aus der Zielregion stammt bzw. mehrere Jahre dort gelebt und gearbeitet hat – nur so ist der Nutzen des Trainings gewährleistet.

Dem vorbereitenden Training im Heimatland sollte ein intensives *Training on the Job* im Zielland folgen. Dieses ist noch wesentlich zeit- und kostenaufwendiger als ein Training im Heimatland, hat aber diverse Vorteile. Der Kandidat kann sich ein Bild von den wirtschaftlichen und lokalen Lebensbedingungen machen, die *Senior Executives* sehen ihren Kandidaten *„in action"* und können sich schon vor dem Einsatz von dessen Qualität überzeugen. Außerdem werden Kontakte und strategische Beziehungen möglicherweise bereits in der Trainingsphase geknüpft. Insgesamt ist das Training als ein weiterer Prüfstein für den Entsandten zu sehen: Spätestens hier merkt er genau, ob er für einen Einsatz in der Türkei geeignet ist.

Um einen ersten Eindruck davon zu gewinnen, ob ein Mitarbeiter mit den interkulturellen Kompetenzen für eine Aufgabe in der Türkei ausgestattet ist, gilt es, ganz gezielt Fragen zu stellen, die zur Selbstreflexion anregen. Anhand dessen kann man sich vielleicht ein klareres Bild über seine Vorstellungen von der Türkei und seiner Bereitschaft, dort zu leben, verschaffen. Dies hilft auch dem Expatriate, seinen Gang ins Ausland wohl zu überlegen.

4.5.3.2 Vergütung

Bei der Entsendung von Mitarbeitern ins Ausland sollte man sich frühzeitig mit dem Thema Vergütung auseinandersetzen. Generell gilt, dass der Mitarbeiter finanziell in keinem Fall schlechter gestellt sein darf als im Inland. Dazu sollte die Vergütung durch verschiedene Elemente wie Auslandsprämien, Erschwerniszulagen usw. erweitert werden, da es sich hierbei um einen wirkungsvollen Motivationsfaktor handelt, der nicht unterschätzt werden sollte.

In der Regel erwarten Expatriates und ihre Familien während des Auslandsaufenthaltes den gleichen Lebensstandard wie im Heimatland. Es sollten daher Kaufkraft- und Wohnkostenausgleich sowie zusätzliche Kranken- und Unfallversicherungen, die im Ausland häufig teurer sind, in Betracht gezogen werden. Auch die finanzielle Unterstützung der Familie z. B. in Form von Schulgeld ist ggf. wichtig, um dem Mitarbeiter den Schritt ins Ausland zu erleichtern. Um sicherzugehen, kann man auch bei den Vergütungsfragen die Hilfe eines Personalberaters in Anspruch nehmen.

4.5.3.3 Erfolgskriterien

Ein entscheidendes Erfolgskriterium für jede Auslandsentsendung ist das Definieren von Zielvorgaben seitens der Firma und des Kandidaten. Zielvorgaben für die Entsendung in ein Land wie die Türkei sind schwierig zu setzen, da einerseits ein unerschlossener Markt vorliegt, der große Zugangsschwierigkeiten bergen kann. Andererseits ist momentan das Entwicklungspotenzial sehr groß, weil viel Bewegung und Bereitschaft zu Veränderung und Investition vorhanden sind.

PRAXISTIPP

Wichtig ist, gemeinsam realistische, klare und messbare Leistungsvorgaben zu bestimmen und diese laufend zu beobachten und zu kontrollieren.

Ein weiteres Erfolgskriterium ist die ständige Verbindung mit dem Management im Heimatland: Besuche vom CEO oder anderen Topmanagern im Ausland unterstreichen die Bedeutung des Engagements für das gesamte Unternehmen und sind ein enormer Ansporn für die Expatriates.

4.5.3.4 Wiedereingliederung

Die Auslandsentsendung eines Mitarbeiters endet im Allgemeinen nach einigen Jahren mit seiner Wiedereingliederung in das Stammhaus. Zu oft wird die Problematik, die mit der Rückkehr verbunden ist, unterschätzt. Die Schwierigkeiten, denen der Expatriate und seine Familie bei der Rückkehr ausgesetzt sind, sind vielfältig. Der Auslandsmitarbeiter muss sich bei der Rückkehr an sein berufliches und soziales Umfeld und die Kommunikation mit seinen Mitmenschen neu anpassen. Das Problem, dem sich die Unternehmen stellen müssen, ist, die Phase der Wiedereingliederung des entsandten Mitarbeiters so zu gestalten, dass positive Potenziale bestmöglich genutzt werden.

Der erste Schritt in eine strukturierte Wiedereingliederung beginnt eigentlich schon vor der Entsendung mit der Definition der strategischen Funktion, die der Mitarbeiter nach seiner Rückkehr einnehmen soll. Eine Position für die Rückkehr des Expatriates zu definieren, ist von großer Bedeutung, da ohne eine Planung der Wiedereingliederung die Investition in den Expatriate nicht die erwünschten Früchte tragen kann.

PRAXISTIPP

Idealerweise sollte der Mitarbeiter während seines Auslandseinsatzes von einem Tutor im Stammhaus vertreten und begleitet werden und regelmäßig Informationen über das Geschehen im Stammhaus erhalten. So wird der gefühlte Abstand zum Stammhaus während der Zeit im Ausland nicht zu groß und die Wiedereingliederung enorm vereinfacht.

CHECKLISTE

- ❑ *Wie gestalte ich die Besetzung von Führungspositionen in der Türkei?*
- ❑ *Möchte ich eine Expatriate-Lösung oder eine lokale Führungskraft?*
- ❑ *Wie soll das Profil des Personalberaters aussehen?*
- ❑ *Wie sieht der zeitliche Rahmen für die Besetzung aus?*
- ❑ *Welche monetären Anreize kann ich einem Expatriate und seiner Familie anbieten?*
- ❑ *Wie gestalte ich die Trainingsphase für den Mitarbeiter?*
- ❑ *Welche Unterstützung kann ich dem Expatriate zukommen lassen, um die Eingliederung zu erleichtern?*
- ❑ *Wie gestalte ich das Training on the Job, v. a. im Hinblick auf die türkisch-spezifische Mentalität der Mitarbeiter?*
- ❑ *Wie definiere ich die Ziele und wie kann ich deren Erfüllung überprüfen?*
- ❑ *Wie gestalte ich die Kommunikation zwischen Expatriate und Stammhaus?*
- ❑ *Für welchen Zeitraum ist die Entsendung geplant?*
- ❑ *Welche Rolle soll der Mitarbeiter nach seiner Rückkehr im Unternehmen übernehmen?*

4.5.4 Die externe Lösung

Einen geeigneten Mitarbeiter aus den internen Reihen zu finden, ist oft die bessere Variante, da diesem das Unternehmen, dessen Kultur und die Führungskräfte vertraut sind. Zu wissen, wie und von wem die Räder im Stammhaus gedreht werden, erleichtert die Aktivitäten im Zielland ungemein. Bevor allerdings ein für die interkulturellen Herausforderungen ungeeigneter interner Kandidat entsandt wird, ist die Suche nach einem geeigneten Kandidaten am Markt die bessere Wahl. In dieser Situation ist das Unternehmen wesentlich stärker auf die Hilfe eines Personalberaters angewiesen, da dieser den Zugang zum Markt hat und das Potenzial kennt.

4.5.4.1 Personalsuche

Nach dem Erstgespräch erstellen Unternehmen und Personalberater gemeinsam ein detailliertes Anforderungsprofil und legen anschließend fest, mit welcher Methode der Mitarbeiter gesucht werden soll. Dies kann sowohl mithilfe der Direktansprache (klassisches *Headhunting*) als auch durch eine internetbasierte oder anzeigengestützte Suche geschehen. Früher erzielten Unternehmen v. a. mit Anzeigen in Printmedien auf dem türkischen Markt kaum den gewünschten Erfolg. Positionen wurden im Wesentlichen durch die Direktansprache besetzt. Inzwischen hat sich dies geändert: In der Türkei existieren verschiedene professionell gestaltete Online-Jobportale, die es den Unternehmen oder der Personalberatung ermöglichen, in einer umfangreichen Datenbank nach passenden Lebensläufen zu suchen. Ebenso hat die Qualität der Bewerbungen in den letzten Jahren merklich zugenommen. Bevor ein Unternehmen in teure Anzeigen investiert, sollte es jedoch über regionale Unterschiede bei der Personalsuche informiert sein, damit die Maßnahmen nicht ins Leere laufen. In engen Bewerbermärkten oder bei einer Funktion im oberen Management ist in jedem Fall der Weg über die Direktansprache zu empfehlen.

Kandidatenauswahl

Mit der eigentlichen Suche kommt der Auftraggeber kaum in Berührung. Erst am Ende des Suchprozesses präsentiert der Personalberater eine Auswahl der Kandidaten, die seiner Meinung nach die Anforderungen am besten erfüllen und die ihrerseits an der Tätigkeit interessiert sind. Die endgültige Auswahl erfolgt dann durch den Auftraggeber.

Der Einsatz eines lokalen Mitarbeiters zum Aufbau des eigenen Geschäfts ist immer mit Risiken behaftet. Das Fachkräftepotenzial in der Türkei lässt sich treffend als „durchwachsen" beschreiben: Es gibt einerseits sehr lokal geprägte Fachkräfte mit eher geringem Ausbildungsstand und kaum Fremdsprachenkenntnissen. Derartige Mitarbeiter kommen für Positionen in internationalen Unternehmen kaum infrage. Auch unter Führungskräften gibt es ein großes Gefälle zwischen relativ jungen Managern mit ausländischen Universitätsabschlüssen und v. a. älteren Managern, die nach wie vor klar in starken Hierarchien leben. Weitere Unterschiede soll folgendes Beispiel verdeutlichen:

Beispiel

Ein deutsches Unternehmen sucht gut ausgebildete Softwareingenieure in der Türkei. Schnell hat die Firma passende Kandidaten aus der Metropole Istanbul gefunden, die neben dem technischen Know-how sogar gute englische Sprachkenntnisse mitbringen. Die Ernüchterung folgt jedoch in den Verhandlungsgesprächen: Wie andere in diesen überteuerten Ballungszentren ansässige Ingenieure haben auch die in die Endrunde aufgenommenen Kandidaten Gehaltsvorstellungen, die das Budget des Unternehmens um ein Vielfaches übersteigen. Es steht damit vor der Entscheidung, die Gehaltsvorstellungen in zähen Diskussionen nach Möglichkeit nach unten zu korrigieren, den Vorstellungen des Kandidaten zu entsprechen oder eine neue Suche zu starten, die aller Voraussicht nach jedoch zu einem ähnlichen Ergebnis führen wird.

Um dieser Entwicklung von vornherein entgegenzuwirken, gibt es für die Türkei, v. a. bei der Suche nach technischen Spezialisten, eine goldene Regel: Diese sollten nach Möglichkeit nicht in den Ballungszentren, sondern in den Regionen rekrutiert werden. Hier gibt es technische Universitäten, die eine große Zahl gut ausgebildeter Absolventen hervorbringen. Nur Sprachkenntnisse, die über das Türkische hinausgehen, darf man nicht erwarten. Somit besteht die Brücke darin, türkischen Kandidaten, die, wenn sie jünger sind, i. d. R. sehr schnell Sprachen lernen, mithilfe von Intensivsprachkursen Englisch und/oder Deutsch beizubringen. Ein weiterer Vorteil, Kandidaten aus der Provinz zu rekrutieren, liegt darin, dass deren Loyalität oft größer ist als bei Kandidaten, die aus besonders ausgeprägten Bewerbermärkten kommen.

Kandidatenevaluation

Bei der Auswahl der Kandidaten gilt es, deren Qualitäten genau zu prüfen. Der Personalberater kann mit geübtem Blick entscheidende Unterschiede ausmachen und den Klienten bei der schwierigen Auswahl aus extrem heterogenen Kandidatenportfolios unterstützen. Durch eine Vorauswahl und das persönliche Gespräch des Personalberaters mit den Kandidaten erhält das Unternehmen zusätzlich wertvolle Hinweise für die Kandidatenevaluation.

Für den Personalberater gibt es einige grundlegende Faktoren, anhand derer er die grundsätzliche Tauglichkeit der Kandidaten bewerten kann. Bei der Auswahl ist beispielsweise entscheidend, ob die Kandidaten bereits über berufliche Erfahrungen in westlichen Unternehmen verfügen. Kommt ein Kandidat aus türkischen Unternehmensstrukturen und ist starke Hierarchien, Personenorientierung und enge Führung gewöhnt, so ist er in einer Matrixstruktur eines westlichen Unternehmens kaum einsetzbar. Auch die Zusammenarbeit mit einem geografisch weit entfernten Hauptquartier kann sich unter diesen Voraussetzungen schwierig gestalten. Durch die Überprüfung muss sichergestellt werden, dass der Kandidat in der Lage ist, entgegen den geltenden Maßstäben eigenverantwortlich zu arbeiten und sich in westliche Unternehmensstrukturen zu integrieren. Gerade junge Kandidaten bringen häufig eine weltoffene Einstellung mit und können sich an die Anforderungen anpassen, aber auch ältere Kandidaten können ggf. durch gezieltes und kontinuierliches *Training on the Job* an weniger hierarchische Unternehmensmodelle herangeführt werden.

Ein weiterer zentraler Punkt sind die Sprachkenntnisse des Kandidaten. Gute Englischkenntnisse sind ein Muss für einen Arbeitsplatz in einem westeuropäischen Unternehmen. Diese Fähigkeit ist gerade unter den jungen Managern in der Türkei inzwischen weit verbreitet, da viele junge Türken im Ausland studieren und Englischkurse gang und gäbe sind.

Erfahrungen zeigen, dass auch die Qualität der Ausbildung relevant ist: Hier haben junge Kandidaten entscheidende Wettbewerbsvorteile gegenüber älteren Kandidaten, weil sie im Zeitalter der Globalisierung und des Internets aufgewachsen sind. Ein weiterer Erfahrungswert aus der Rekrutierung ist z. B., dass Kandidaten, die den Wehrdienst abgeleistet haben, i. d. R. zuverlässiger und disziplinierter sind. Bei ihnen ist auch die Fluktuationsrate geringer als bei anderen Arbeitnehmern.

Bei der Evaluation gilt es außerdem, die Vergangenheit der Kandidaten kritisch zu prüfen. Von besonderer Bedeutung bei der Kandidatenevaluation sind in der Türkei außerdem die Referenzen, die ein Kandidat erhält. Hier gilt es, besonders genau hinzuhören und etwaige Schwächen auszumachen.

Während einige der oben benannten Aspekte der subjektiven Beurteilung des Beraters unterliegen, gibt es andere, die aufgrund des systematischen Vorgehens in ihrem Ergebnis personenunabhängig sind. Diese kommen insbesondere bei der Suche nach Führungskräften häufig zum Einsatz. Hier wird von den Kandidaten eine hohe unternehmerische Eigenverantwortung gefordert. Dieser Anspruch kollidiert jedoch oft mit der türkischen Mentalität und dem geltenden Hierarchieprinzip: Verantwortungsdelegation von oben nach unten findet nur selten statt, sodass Kandidaten möglicherweise kaum selbstständiges und eigenverantwortliches Arbeiten gewöhnt sind. Derartige charakterliche Eigenschaften, die bei Kandidaten aus Westeuropa aufgrund ihres kulturellen Hintergrunds in gewissem Maße vorausgesetzt werden, müssen hier wesentlich genauer überprüft werden. Um sich bei der Beurteilung der Führungsqualitäten des Kandidaten nicht allein auf die subjektive Bewertung des Beraters im persönlichen Gespräch zu verlassen, stehen systematische Evaluationsmethoden in Form von psychologischen Tests zur Verfügung. Es kann beispielsweise ein spezifischer Managementtest durchgeführt werden, der auf einer ausführlichen Selbsteinschätzung der Kandidaten basiert. Das Ergebnis einer solchen Befragung ist ein Profil des Kandidaten, das Informationen über die Ausprägung einzelner Charaktereigenschaften wie Selbstständigkeit und Führungsqualität widerspiegelt.

Kandidatenpräsentation

Das erste Zusammentreffen von Kandidat und Unternehmen ist entscheidend für den Erfolg des Rekrutierungsprozesses. Der erste Eindruck zählt bekanntlich sehr viel. Es kann allerdings vorkommen, dass Kandidaten, die auf dem Papier überzeugen, bei der Kandidatenpräsentation eine schlechte Figur machen. Das Unternehmen muss auf den Kandidaten vorbereitet werden. Im Gespräch selbst kann der Berater dafür sorgen, dass die Atmosphäre aufgelockert wird, und auch den Kandidaten motivieren, damit ein kompetenter Kandidat nicht aufgrund von Mentalitätsunterschieden aus dem Prozess ausgeschlossen wird.

Besonders komplex werden Kandidatenpräsentationen, wenn neben einem Repräsentanten aus dem westlichen Hauptquartier der Geschäftsführer einer bestehenden türkischen Niederlassung zugegen ist und im Entscheidungsprozess mitwirkt. Hier können extreme Unterschiede in der Vorstellung vom Wunschkandidaten aufeinandertreffen.

PRAXISTIPP

An dieser Stelle sei noch einmal auf die unterschiedlichen zeitlichen Maßstäbe verwiesen, die am Bosporus angelegt werden müssen. In der Türkei kann man davon ausgehen, dass viele Prozesse länger dauern als in westlichen Ländern. Auf einem Megamarkt wie der Türkei passiert es ab und zu, dass gute Kandidaten gelegentlich kurzzeitig zur Verfügung stehen. Hier gilt die Devise „Time is of the essence": Während sich westliche Unternehmen nach einem persönlichen Gespräch Bedenkzeit nehmen, um mit allen in den Rekrutierungsprozess involvierten Personen Rücksprache zu halten, entscheidet sich der Kandidat kurzfristig für ein Angebot eines anderen Unternehmens und steht nicht mehr zur Verfügung. Der Prozess muss also möglichst zügig vorangetrieben werden und der Personalberater sollte in engem Kontakt zu den Kandidaten bleiben, bis der Vertrag unterzeichnet wird.

4.5.4.2 Personalentwicklung

Beim Einsatz von lokalen Führungskräften ist die Personalentwicklung ebenfalls ein ganz entscheidender Faktor, wenn auch die Schwerpunkte anders liegen als bei einem Expatriate. Hier geht es mehr darum, vorhandene Defizite (z. B. im Bereich Vertrieb und Marketing) auszugleichen und den neuen Mitarbeiter mit den bestehenden Unternehmensstrukturen vertraut zu machen. Im Idealfall finden Trainings zu den relevanten Themen im Hauptquartier statt – das erweist sich üblicherweise als sehr förderlich für die Motivation des Mitarbeiters.

Wichtig ist auch die Vorbereitung des neuen Mitarbeiters auf die Schnittstelle zum Hauptquartier: Die Berichtslinien müssen eindeutig geklärt werden. Berichtsverhältnisse nach dem Dotted-Line-Prinzip (Teilung der fachlichen und disziplinarischen Weisungsbeziehung) sind im Zweifelsfall zu vermeiden.

Unter 4.5.3.2 „Vergütung" wurden die vielfältigen Vergütungsmöglichkeiten und -anreize für die Entsendung eines Mitarbeiters in die Türkei aufgeführt. Gleiches gilt für die Vergütung von externen Mitarbeitern. Die Anreize müssen gegeben sein und Qualität hat ihren Preis.

4.5.4.3 Erfolgsfaktoren

Ein zentraler Punkt für den Erfolg in der Türkei ist die Gestaltung der Schnittstelle zur Muttergesellschaft: Es geht häufig darum, die richtigen Personen für das Auslandsengagement zu finden und gleichzeitig die Schnittstellen richtig zu besetzen. Auch die beste Person vor Ort wird irgendwann einmal enttäuscht aufgeben, wenn sie innerhalb des Unternehmens nicht richtig „aufgehängt" und die Kommunikation zum Stammhaus nicht adäquat vollzogen wird.

Deswegen sind Prozesse, die Logistik, Zoll, Preispolitik, Marketing, Kundendienst und auch die Kommunikation mit dem Hauptquartier beinhalten, genauso wichtig wie Personen, wobei die Personen die Prozesse definieren. Daher sollte man immer vorsichtig sein, Prozesse wie z. B. Matrixstrukturen in hierarchisch geprägten Ländern wie etwa der Türkei implementieren zu wollen. Was in Deutschland, in Teilen Europas und in den USA funktioniert, muss in der Türkei nicht unbedingt eins zu eins anwendbar sein. Hier braucht man sogenannte Insellösungen, d.h. Menschen, die sowohl die Kultur vor Ort als auch die Kultur im Hauptquartier kennen und die gleichzeitig alle relevanten Prozesse mit viel Geduld adaptieren und einführen. Nur derartige Insellösungen werden Ihnen eine Nachhaltigkeit im internationalen Geschäft gewährleisten.

4.5.5 Fazit

Die Auswahl der Mitarbeiter ist auch in der Türkei der Grundstein zum Erfolg. Sowohl die Entscheidung für die Entsendung eines Mitarbeiters als auch die Auswahl eines lokalen Managers hat ihre Vorteile. Letztlich ist die Entscheidung v. a. vom Vorhandensein eines potenziellen Entsandten, aber auch von der strategischen Ausrichtung des Unternehmens abhängig.

Genauso wie in westlichen Ländern entscheidet in der Türkei die Personalwahl über den Erfolg des Unternehmens. Dabei ist als Erstes zu prüfen, ob ein westlicher oder ein türkischer Mitarbeiter besser geeignet ist. Entscheidend ist v. a., ob der Mitarbeiter sich in beiden Welten, der türkischen wie der westlichen, sicher bewegen kann.

4.6 Personalmanagement in der Türkei

4.6.1 Einleitung

Nach der Rekrutierung der Führungskräfte und Mitarbeiter ist das Zusammenspiel zwischen diesen Einheiten von entscheidender Bedeutung, um den Erfolg in der Türkei zu ermöglichen und langfristig zu sichern. Dabei kann es zu großen Schwierigkeiten kommen, wenn z. B. der Führungsstil des Expatriates bei den einheimischen Mitarbeitern nicht greift.

Häufig wird das Problem der falschen Managementkultur bei Auslandsengagements vernachlässigt. Wenn es um die Türkei geht, denken viele Manager, dass die Unterschiede im Vergleich zu exotischen Regionen wie Südostasien, Südamerika oder dem Mittleren Osten verhältnismäßig gering sind. Deshalb werden interkulturelle Erwägungen unterschätzt – die Führungskräfte üben ihre Arbeit in hoch spezialisierten Berufsfeldern mit viel Fachwissen und gleichzeitig geringem kulturellem Hintergrundwissen aus. Dadurch werden im Geschäft in der Türkei viele vermeidbare Fehler begangen, die den Erfolg des gesamten Engagements infrage stellen können.

4.6.2 Einfluss des Hierarchieprinzips

Das Verhalten und die Erwartungen türkischer Mitarbeiter sind stark von der Vergangenheit des Landes und seinen gewachsenen gesellschaftlichen Strukturen geprägt. Beim Kontakt mit Türken stößt man immer wieder auf das in der Türkei nach wie vor bestehende Hierarchieprinzip, v. a. bei der älteren Generation. Deshalb ist die Kommunikation mit Kooperationspartnern, Mitarbeitern und Kollegen nicht unbedingt mit der Kommunikation in Westeuropa vergleichbar. Viele Manager, v. a. die älteren, sind stark in diesem hierarchischen Denken verwurzelt, bei dem allein der Chef das Sagen hat. Entscheidungskompetenzen werden i. d. R. nicht nach unten abgegeben und die Delegation von Mitarbeiterverantwortung ist nur sehr gering ausgeprägt. Es herrscht sowohl in der Politik als auch in der Wirtschaft ein starkes Obrigkeitsdenken. So wird der Geschäftsführer seine Entscheidungsbefugnisse nicht an Mitarbeiter abgeben – und wenn er nicht da ist, werden auch keine Entscheidungen getroffen.

Diese bestehende und gelebte Hierarchie erfordert von westlichen Managern in der Türkei eine andere Art des Führens: Obwohl Mitarbeiter hochintelligent und sehr gut ausgebildet sind, ist häufig ein enges Führen, das sogenannte Mikromanagement, angesagt. Dies impliziert nicht etwa fehlendes Vertrauen, sondern ist vielmehr ein lokal notwendiger Führungsstil, bei dem die Handlungen des Mitarbeiters im Einzelnen überwacht werden. Matrixstrukturen und Projektteams oder das Führen an der langen Leine spielen in der Türkei keine Rolle.

Westliche Manager, die türkische Mitarbeiter führen, sollten sich v. a. in der Anfangsphase ihres Engagements diesen Gegebenheiten anpassen. Erst nach längerer Zeit, insbesondere wenn Vertrauen gewonnen wurde, kann man v. a. jüngere Mitarbeiter mithilfe einer kontinuierlichen „On-the-job-Praxis" stärker selbstständig arbeiten lassen. Dieser Wechsel muss durch intensive Schulungen, am besten im Hauptquartier im Westen, begleitet werden, damit türkische Mitarbeiter lernen, mit der neuen Situation umzugehen. Erst wenn dieser Lernprozess stattgefunden hat, ist eine konsequente Delegation von Verantwortung möglich.

Eine weitere charakteristische Verhaltensweise, die ebenfalls im Hierarchieprinzip begründet ist, ist die wenig prozess-, sondern eher personenorientierte Kommunikation. Da z. B. der Geschäftsführer eines Unternehmens allein die Entscheidungen trifft, konzentriert sich auch die Kommunikation sehr stark auf diese Person – es zählt vor allen Dingen, mit wem man spricht. Dementsprechend hängt das Vorantreiben von Projekten vielfach nicht an Prozessen, wie sie in Deutschland häufig definiert werden (Meilensteine), sondern an einzelnen Personen, die den Partnern aus der Türkei bekannt sind. Soweit diese nicht in ausreichendem Maße involviert sind, kann es zu Verzögerungen oder zum Stillstand beispielsweise bei den Verhandlungen kommen. Demgegenüber steht das westlich geprägte Matrixdenken, wo Personen schnell ausgetauscht oder ergänzt werden. Treffen diese unterschiedlichen Herangehensweisen aufeinander, kann es zu erheblichen Schwierigkeiten kommen.

Beispiel

Herr Schmidt ist österreichischer Manager und arbeitet oft mit Mitarbeitern der türkischen Tochtergesellschaft zusammen. So hat Herr Schmidt auch als Projektleiter in der Niederlassung in Istanbul zu tun. Er soll dabei ein Team von vier Türken koordinieren. Herr Schmidt spricht etwas Türkisch, hat mehrmals in der Türkei gearbeitet und verfügt über Führungserfahrung in Deutschland. Kurzum: Er ist der Ansicht, der richtige Mann für die neue Position und die neue Aufgabe zu sein. Doch schon bald merkt er, dass seine Kompetenzen nicht ausreichen: Er hat damit zu kämpfen, dass sich die türkischen Teammitglieder oftmals nicht kooperativ zeigen und wenig Motivation an den Tag legen. Bei einer anonymen Personalbeurteilung stellt sich zudem heraus, dass nur sehr wenige Mitglieder der Gruppe mit seinem Führungsstil zufrieden sind. Herr Schmidt geht stark davon aus, dass es aufgrund der vorhergehenden Unstimmigkeiten v. a. die Türken sind, die ihn schlecht beurteilen. Schnell kommt er zu dem Fazit, dass man mit ihnen nicht vernünftig, d. h. in dem für ihn gewohnten „deutschen" Stil arbeiten kann. Logik und Vernunft sollten doch zumindest überall Anwendung finden …

Wie auch dieser Fall zeigt, spielt die intensive Auseinandersetzung mit dem Kulturfaktor eine entscheidende Rolle bei der Optimierung von Arbeitsabläufen innerhalb eines multinationalen Teams. Die Ursachen kultureller Missverständnisse und einer ineffektiven Kommunikation sind mannigfaltig.

4.6.3 Unterschiedlicher kultureller Hintergrund

Unterschiedliche Sozialisierungsprozesse der Teammitglieder resultieren in verschiedenen Werten, Normvorstellungen, Erwartungen und Verhaltensmustern, die innerhalb der Gruppe stark abweichen können. Wenn das Vorverständnis dafür, was höflich, was angemessen, was überhaupt ein Team und was eine richtige Führung ist, nicht im Vorfeld ausführlich geklärt und auf einen gemeinsamen Nenner gebracht wird, drohen dem multikulturellen Team große Reibungsverluste bei der Zusammenarbeit.

Unternehmen neigen außerdem dazu, ihre türkische Tochtergesellschaft zu hoch in der Organisationsstruktur anzusiedeln: Der Geschäftsführer soll beispielsweise – ebenso wie die Geschäftsführer anderer Tochtergesellschaften – direkt an die deutsche Geschäftsleitung berichten. Diese in anderen Ländern erfolgreiche Konstellation lässt sich jedoch nicht ohne Weiteres auf türkische Gesellschaften übertragen: Die vorherrschende Personenorientierung führt dazu, dass seitens des westlichen Hauptquartiers eine sehr enge Kommunikation mit der Tochtergesellschaft (Stichwort Mikromanagement) erforderlich ist. Für einen ständigen Kontakt und operative Belange hat die Geschäftsleitung aber im Alltagsgeschäft selten Zeit. Aus diesen Gründen ist es sinnvoll, eine (Vertrauens-)Person mit entsprechenden zeitlichen Kapazitäten mit dem Kontakt zur Tochtergesellschaft zu betrauen, die Prozesse vorantreibt und für alle Belange zur Verfügung steht.

4.6.4 Sprach- und Kommunikationsbarrieren

Ein großes Problem bei Geschäften in der Türkei ist nach wie vor die Sprache: Im Ernstfall verfügt der Manager als Expatriate (noch) über keine Türkisch-Kenntnisse und die Mitarbeiter sprechen nur wenig Englisch. Diese Schwierigkeit wird noch dadurch verstärkt, dass sich viele Westeuropäer mit dem Türkischen eher schwertun. Ein zuverlässiger Dolmetscher kann dieses Problem überbrücken, jedoch nicht vollständig aus dem Weg räumen. Es sollte außerdem bedacht werden: Englisch ist nicht gleich Englisch. Nuancen in der Kommunikation können entscheidende Unterschiede machen und gerade wenn zwei Menschen, die beide keine *Native Speaker* sind, in Englisch miteinander kommunizieren, können Missverständnisse entstehen.

Ein wichtiger Aspekt beim Management türkischer Mitarbeiter ist auch das Einfühlungsvermögen. Viele deutsche Manager machen den Fehler, eine 35-Stunden-Woche und 30 Tage Urlaub pro Jahr als selbstverständlich zu sehen. Diese arbeitnehmerfreundlichen Konditionen sind in der Türkei i. d. R. jedoch unbekannt. So haben die Arbeitnehmer zu Beginn eines Anstellungsverhältnisses häufig relativ wenige Urlaubstage und v. a. kaum vergleichbare Vergünstigungen wie in Deutschland. Um hier nicht in ein Fettnäpfchen zu treten, ist eine eher zurückhaltende Einstellung angebracht. Man sollte die Vergünstigungen des deutschen Systems, die in anderen Ländern in dieser Form so nicht üblich sind, nicht unbedingt ausdrücklich betonen.

4.6.5 Erwartungshaltungen

Nahezu jedes Auslandsengagement in der Türkei bedarf einer zumindest mittelfristigen Betrachtungsweise. Wenn nach einem Jahr die zunächst optimistisch prognostizierte Entwicklung noch nicht einsetzt, werden viele Unternehmen bereits skeptisch und ungeduldig. In der Türkei muss man mehr Zeit einplanen als im Westen. Es ist viel besser, vorsichtig und insbesondere mittelfristig zu planen – unter Berücksichtigung aller denkbaren Unwägbarkeiten und Probleme und unter Einbeziehung des in der Türkei geltenden längeren Zeitfaktors. Diese Herangehensweise führt zwar zu weniger spektakulären, kurzfristig erwarteten Wachstumsraten, aber die tatsächlich erzielten Erfolge werden dafür umso nennenswerter sein. Folgendes Beispiel zeigt einige der Fehler, die beim Geschäftemachen in der Türkei gemacht werden können.

Beispiel

Herr Werner ist Bereichsleiter für Südosteuropa und die Türkei in einem Unternehmen aus der Automobilzulieferindustrie. Nach dem Studium des Maschinenbaus begann er als Projektleiter. In fünf Jahren vollzog er dort eine bemerkenswerte Karriere. Die zunächst inländische Aufgabe wurde innerhalb von drei Jahren stark international mit Schwerpunkten in der Türkei. Heute fliegt er um 12.00 Uhr nach Istanbul, um einen erweiterten Kooperationsvertrag mit einem lokalen Partner zu verhandeln. Auf dem Weg zum Flughafen geht er zunächst sehr früh ins Büro, um noch einige Anweisungen zu geben. Sein Vorschlag über eine erweiterte Kooperation, den er auf Englisch ausgearbeitet hat, bedarf noch einiger Verbesserungen. Diese müssen parallel zum Flug von seiner Assistentin gemacht und dann per E-Mail nach Istanbul geschickt werden.

In der Niederlassung seines Unternehmens in Istanbul angekommen, unterhält er sich mit den lokalen Mitarbeitern. In der Zwischenzeit ist auch eine korrigierte Version seines Vorschlags eingetroffen. Abends geht er mit dem Niederlassungsleiter zum Abendessen und bespricht die morgige Verhandlung. Am nächsten Tag auf dem Weg zum Kooperationspartner bereitet er sich kurz auf das kommende Gespräch vor. Im Laufe der Diskussion, die auf Englisch geführt wird, stellt sich heraus, dass der türkische Partner zwar an einem erweiterten Kooperationsangebot interessiert ist, dass dieses jedoch im Vergleich zu einem koreanischen Wettbewerber zu teuer ist und zudem unlängst technische Mängel im Rahmen der Ursprungskooperation aufgetreten sind. Die Türken bitten Herrn Werner, die Fabrik 500 Kilometer östlich von Istanbul zu besuchen. Herr Werner weiß, dass er aufgrund seiner guten persönlichen Beziehungen die Differenzen vor Ort ausgleichen kann. Er hat aber bereits für den gleichen Tag seinen Rückflug nach Deutschland gebucht, um eine lang geplante Reise zusammen mit seinem Vorgesetzten nach Belgrad vorzubereiten.

Das Beispiel mag überspitzt erscheinen, spiegelt aber sehr gut die Schwierigkeiten wider, in die man als Manager geraten kann. Was hätte Herr Werner besser machen können?

PRAXISTIPP

Zunächst einmal ist die Zeitplanung äußerst knapp. Herr Werner hätte auf jeden Fall nach seinem Besuch in Istanbul einen weiteren Bürotag als „Puffer" einplanen sollen, um mögliche Unwägbarkeiten auszugleichen. Weiterhin hat er seine Reise zu oberflächlich und ohne Einbindung seiner Mitarbeiter vorbereitet. Sofern bereits welche vor Ort in der Türkei arbeiten, sollten diese bei Weitem mehr in die Vorbereitung von Projekten involviert sein. Vor allem den Niederlassungsleiter hätte er konkret in das Projekt einbeziehen sollen, insbesondere auch, um vorab mit dem türkischen Kooperationspartner die Lage zu sondieren. Vom Angebot des koreanischen Wettbewerbers wäre er dann nicht überrascht worden. Außerdem ist ein Eingehen auf den Wunsch der Türken, mit in die Fabrik zu fahren, nicht notwendig. Die Gegenseite versteht, wenn Herr Werner einen Termin unter Hinzuziehen von technischen Spezialisten eine Woche später vereinbart. Nicht alles muss sofort und hektisch geschehen. Damit setzt er sich unnötig unter Druck.

Zeit – ein oft unterschätzter Faktor

Eine gründliche Vorbereitung ist also der beste Grundstein für eine erfolgreiche Verhandlung und damit auch für ein erfolgreiches, nachhaltiges Auslandsprojekt. Theoretisch. In der Realität mangelt es, insbesondere aus Zeitgründen, jedoch oft an einer derartigen Planung. Die Parteien gehen meist wenig vorbereitet und mit einer ihrer Meinung nach richtigen und damit unfehlbaren Lösung in die Verhandlungen. Konflikte sind dann vorprogrammiert.

Aus diesem Grund sollten Sie sich von vornherein vor Augen halten, dass internationale Projekte mit all ihren Teilschritten i. d. R. länger dauern. Es empfiehlt sich daher grundsätzlich, genügend Zeitreserven für die Vorbereitung wie auch die Verhandlungen selbst einzuplanen, da Zeitdruck zu unerwünschten Ergebnissen führen kann. Der Zeitfaktor wird oft zum Druckmittel, insbesondere bei internationalen Verhandlungen. Vor allem in angloamerikanischen Ländern besteht der Grundsatz *„Time is of the essence"*, der eine möglichst schnelle Vorgehensweise in internationalen Verträgen und Projekten indiziert.

4.6.6 Mitarbeiterbindung

Nicht nur das Management der Mitarbeiter, sondern auch die Auswahl spielt in der Türkei eine entscheidende Rolle. Grundsätzlich sollten Kandidaten rekrutiert werden, die bereits westliche Standards kennengelernt haben, weil sie häufig schon über Erfahrung im Zusammenspiel mit einem westlichen Hauptquartier verfügen und prozessorientierte Managementansätze besser umsetzen können. Wichtig ist aber auch, die Verträge unter Berücksichtigung der hohen Fluktuationsrate in der Türkei zu gestalten.

Entgegen der teilweise vorherrschenden Meinung haben auch Personalberatungen ein großes Interesse daran, dieses Problem zu beheben, da nur Kandidaten, die dem Unternehmen erhalten bleiben, wirklich gute Kandidaten sind. Folgende Abbildung zeigt Anreize und Strukturen, die einen Verbleib im Unternehmen begünstigen können.

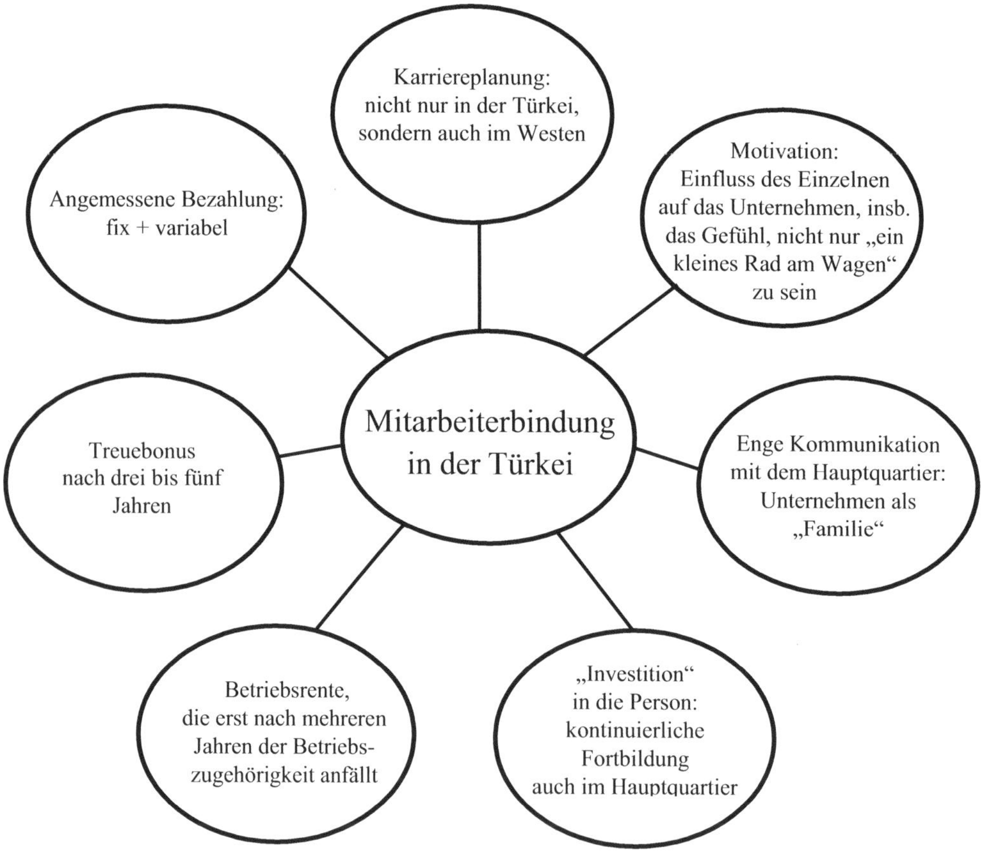

Abb. 12: Mitarbeiterbindung in der Türkei

Es ist wichtig, dass der einzelne türkische Mitarbeiter Einfluss auf die Strukturen zur Mitarbeiterbindung hat. Die meisten kommen aus hierarchiegeprägten Unternehmen, wo sie

„nur ein kleines Rad am Wagen" waren. Kann man der Führungskraft die Möglichkeit geben, dass sie z. B. im Rahmen einer Stellenbeschreibung oder bei der Karriereplanung Einfluss nehmen kann, ist dies eine große Motivation und bietet auch die Möglichkeit der Integration und Zusammenarbeit.

4.6.7 Ausblick

Gehen Sie in internationalen Projekten also systematisch vor, vielleicht auch mithilfe von Checklisten als Planungshilfe. Das hilft Ihnen, die Übersicht zu behalten. Zeigen Sie jedoch auch genügend Flexibilität, um – wenn nötig – von Ihrer Methodik abzuweichen. Kleben Sie nicht dogmatisch an Ihrem Konzept und Plan. Änderungen sind tagtäglich.

Und ganz wichtig: Ein Projekt erfolgreich umzusetzen und wichtige Positionen im neuen Betrieb zu besetzen, ist erst der Anfang. Überlegen Sie sich rechtzeitig, wie Sie die Kommunikation zwischen und zu den neuen Kollegen gestalten wollen. Viele internationale Projekte sind bereits daran gescheitert, dass die Kommunikation zum Hauptquartier nicht wie gewünscht vollzogen wurde. Eine gute Planung und fortlaufende Kontrolle sind auch hier wichtig. Das Ruder später wieder herumreißen zu wollen, stellt sich oft als schwierig, wenn nicht sogar unmöglich heraus.

Berücksichtigt man die genannten Gesichtspunkte, wird man mittelfristig in der Türkei einen beachtlichen Erfolg erzielen. Allerdings sind Fingerspitzengefühl und ein Verständnis für die kulturellen Bedingungen entscheidende Faktoren für das Management. Man sollte nichts als selbstverständlich voraussetzen, indem man sein eigenes (kulturell geprägtes) Verständnis der Situation auf andere Beteiligte überträgt. Ein wichtiger Schritt ist es, sich von seinen eigenen Paradigmen zu lösen und zu versuchen, die Situation unabhängig von der eigenen Wahrnehmung und Wertung zu sehen. Wer es schafft, sich seiner Paradigmen bewusst zu werden, hat schon den ersten Schritt getan und gute Chancen, in der Türkei geschäftlich, aber auch menschlich erfolgreich zu sein.

5 Grundzüge der Besteuerung in der Türkei

Autor: Serhat Kutlan

5.1 Einführung

Der vorliegende Beitrag soll einen wesentlichen Überblick zur Besteuerung der Unternehmen v. a. im Hinblick auf Einkommens-, Körperschafts- und Umsatzsteuer in der Türkei geben.

Die Besteuerungsgrundsätze in der türkischen Steuerwelt weisen viele **Gemeinsamkeiten mit den europäischen Ländern** aus. Die Ähnlichkeit lässt sich durch die enge Zusammenarbeit mit diesen Ländern erklären. Vor allem ähnelt das Einkommenssteuersystem, welches im Jahre 1952 erstmalig an eine Abgabe einer Steuererklärung geknüpft war, dem deutschen in Struktur und Aufbau.

Dies rührt aus der Tatsache, dass das Einkommenssteuergesetz in den 1950er-Jahren durch Steuerexperten, v. a. durch Professor Fritz Neumark, aus Deutschland federführend aufgebaut und novelliert worden ist. Neben Fritz Neumark waren in dieser Zeit auch Ernst Reuter und Alexander Rüstow Professoren an der Universität in Istanbul und haben bei der Theorie und Praxis der Steuern in der Türkei wesentlich mitgewirkt.

Das türkische Steuersystem wird im Wesentlichen unter Einkommens-, Ausgaben- und Vermögenssteuer zusammengefasst. Die Mehrwertsteuer ist neben anderen Steuerarten der Ausgabensteuer zuzuordnen. Die Erbschafts- und Schenkungssteuer sowie Kraftfahrzeug- und Grunderwerbssteuer sind unter Vermögenssteuern zu finden.

Neben diesen Steuerarten sind im Rahmen der Ausgabensteuer noch

- Stempelsteuer,
- Steuern für Bank- und Versicherungsleistungen,
- Sonderverbrauchssteuer und
- Kommunikationssteuer

zu finden.

Der Fokus liegt hier insbesondere in der praxisnahen Darstellung der Besteuerung und deren Berechnungsformen.

Insbesondere ist anzumerken, dass das **Deutsch-Türkische Abkommen zur Vermeidung der Doppelbesteuerung** am 01.08.2012 in Kraft getreten und rückwirkend ab 01.01.2011 anzuwenden ist. Zu den bestehenden Steuern, für die dieses Abkommen gilt, gehören in der Türkei die Einkommens- und die Körperschaftssteuer sowie in Deutschland die Einkommenssteuer, die Körperschaftssteuer und die Gewerbesteuer.

Das neue Abkommen ersetzt das Abkommen vom 16.04.1985, welches bis Ende 2010 gültig war. Das aktuelle Abkommen steht grundsätzlich in Übereinstimmung mit dem Musterabkommen der Organisation für wirtschaftliche Zusammenarbeit und Entwicklung (OECD). Wesentliche Erneuerungen sind dabei folgende:

- Der Informationsaustausch zwischen beiden Ländern entspricht dem OECD-Standard.
- Die Rentenbesteuerung im Quellenstaat wurde begrenzt eingeführt.
- Die Quellensteuersätze bei Dividenden und Zinsen sind reduziert.
- Die deutschen Kapitalgesellschaften, welche mit mehr als 25 % an der türkischen Gesellschaft beteiligt sind, unterliegen anstelle einer 15 %igen Quellensteuer im Falle der Gewinnausschüttung nur einer 5 %igen Quellenabzugsbesteuerung.

Bevor auf Einzelheiten eingegangen wird, soll kurz die Verteilung der Steuereinnahmen in der Türkei dargestellt werden.

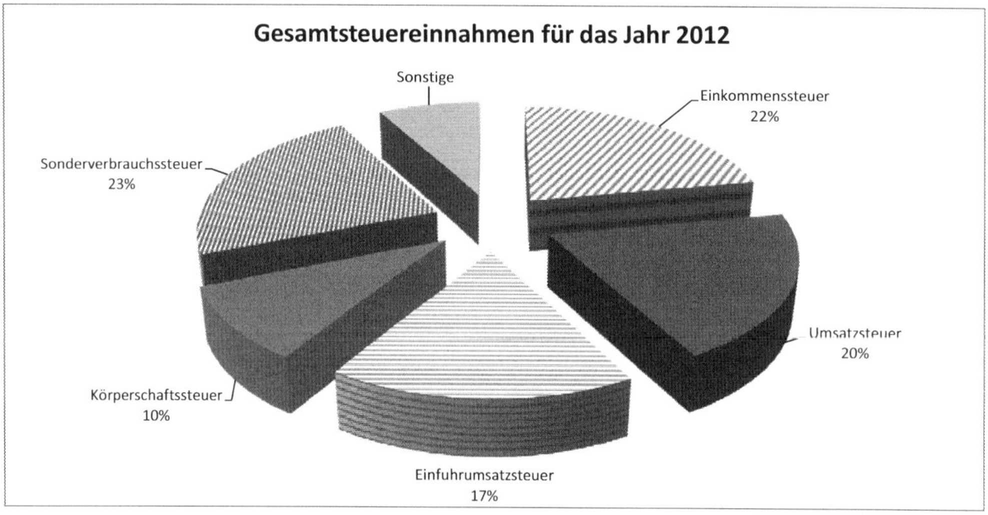

Abb. 13: Gesamtsteuereinnahmen für das Jahr 2012
In Abbildung 13 ist die Verteilung der Gesamtsteuereinnahmen nach Steuerarten für die letzten zwei Jahre angegeben. Einkommenssteuer nach Steuererklärung und Lohnsteuer. Der sonstige Teil besteht aus Kfz-Steuer, Bank- und Versicherungssteuer, Stempelsteuer, Gebühren und sonstigen Steuern.[1]

Einnahmen	**Ist-Werte 2012 (in Mio. TL)**
Einkommenssteuer nach Steuererklärung	3.516.959
Einkommenssteuer aus unselbstständiger Arbeit (Lohn und Gehalt)	66.154.352
Körperschaftssteuer	32.111.784
Sonderverbrauchssteuer	71.793.177
Glücksspielsteuer	615.512
Sonderkommunikationssteuer	4.477.310
Erbschaftssteuer	307.985
Umsatzsteuer	63.735.359

1 www.gib.gov.tr, Steuerstatistiken, Tabelle 61/62, Stand: März 2014.

Einnahmen	**Ist-Werte 2012 (in Mio. TL)**
Einfuhrumsatzsteuer	55.360.682
Kfz-Steuer	6.773.776
Bank- und Versicherungssteuer	5.491.644
Stempelsteuer	7.446.356
Gebühren	9.907.683
Sonstige	80.654
Summe	**327.773.233**

Tab. 10: Detaillierte Darstellung über die Verteilung der Steuereinnahmen in Steuerarten

Betrachtet man die Verteilung der Steuereinnahmen hinsichtlich der Unterscheidung zwischen direkten und indirekten Steuern, ist festzustellen, dass nur 32 % der Gesamtsteuereinnahmen für das Jahr 2011 und 32 % für das Jahr 2012 aus direkten Steuern bestehen und den Rest zu ca. 37 % Umsatzsteuer und Einfuhrumsatzsteuer und zu ca. 23 % Sonderverbrauchssteuer ausmachen. Weiter ist zu erwähnen, dass ca. 80 % der Einkommenssteuereinnahmen aus den Quellensteuerabzügen für Löhne und Gehälter stammen. Somit reduziert sich der Anteil der Steuereinnahmen aus direkten Steuern von Einkommensteuer- und Körperschaftssteuerpflichtigen auf ca. 12 bis 13 %.

Als weitere Besonderheit der Verteilungsstruktur der Steuereinnahmen ist zu erwähnen, dass die Körperschaftssteuer ca. zu 80 % von den größten 1.000 Unternehmen in der Türkei deklariert wird.

Unter Berücksichtigung der oben zusammengefassten Besonderheiten der Steuerverteilung ist von einer ungesunden Steuerinfrastruktur des Landes zu sprechen. Diese ungesunde Struktur ist einerseits ein Problem, wenn man einen fairen Wettbewerb gewährleisten möchte, andererseits ein Grund für die Instabilität der Wirtschaft sowie für die erhöhten Preise bei gewissen Gütern und Dienstleistungen. Weiter ist durch diese Verteilung eine gerechte Einkommensverteilung gefährdet. Außerdem ist auch durch den zunehmenden Anteil der indirekten Steuern eine weitverbreitete Schattenwirtschaft anzutreffen.

5.2 Einkommenssteuer

Die Einkommensbesteuerung ist progressiv und wird prinzipiell an der Quelle erhoben. Die steuerpflichtigen Berufe und Einkünfte sind im Einkommenssteuergesetz (EStG) namentlich aufgezählt.

Das türkische EStG besteht aus fünf Abschnitten. Der erste Abschnitt enthält die Paragrafen über den Umfang und die Arten der Steuerpflicht, der zweite Abschnitt die Paragrafen über die Ausnahmen und Befreiungen von der Steuerpflicht, der dritte Abschnitt und die dazugehörigen Paragrafen die Einkommens- und Gewinnbegriffe für verschiedene Berufsgruppen, der vierte und fünfte Abschnitt enthalten die Paragrafen über die Veranlagung und Bezahlung der Steuern.

Nach § 1 des EStG besteht das steuerpflichtige Einkommen der natürlichen Personen aus folgenden Einkünften:

- aus kaufmännischer Tätigkeit
- aus Land- und Forstwirtschaft
- aus unselbstständiger Arbeit
- aus selbstständiger Arbeit
- aus Vermietung und Verpachtung
- aus Kapitalvermögen
- aus sonstigen Einkünften

5.2.1 Unbeschränkte Steuerpflicht nach dem türkischen Einkommenssteuergesetz

Das türkische Einkommenssteuergesetz unterscheidet zwischen unbeschränkt und beschränkt steuerpflichtigen natürlichen Personen. Alle in der Türkei oder im Ausland erzielten Einkommen der unbeschränkt steuerpflichtigen natürlichen Personen unterliegen der Einkommenssteuer.

Unbeschränkt steuerpflichtig sind folgende Personen:

1. Natürliche Personen, die ihren ordentlichen Wohnsitz bzw. ihren gewöhnlichen Aufenthalt in der Türkei haben. Unter einem Wohnsitz versteht man laut Gesetzgeber, „... wo jemand eine Wohnung u. U. innehat, die zum Schluss kommen lassen, dass er die Wohnung beibehalten und benutzen wird". Den gewöhnlichen Aufenthalt hat man dort, wo man sich u. U. aufhält, der erkennen lässt, dass man an diesem Ort oder in diesem Gebiet nicht nur vorübergehend verweilt".
2. Türkische Staatsbürger, die in einer Filiale, Auslandsstelle eines Unternehmens, welches sein Rechtsdomizil in der Türkei hat, oder in einer türkischen Botschaft bzw. Konsulatsabteilung beschäftigt sind.
3. Natürliche Personen, die sich in der Türkei länger als sechs Monate aufhalten, sind unbeschränkt steuerpflichtig, auch wenn sie innerhalb dieser Frist provisorisch ins Ausland reisen. Natürliche Personen, die vorübergehend für geschäftliche, wissenschaftliche oder ähnliche Zwecke in die Türkei kommen und sich länger als sechs Monate in der Türkei aufhalten, sind von dieser Regelung ausgeschlossen, weil ihr Aufenthalt nicht als gewöhnlicher Aufenthalt ausgelegt wird.

   Unter solchen natürlichen Personen sind ausländische Geschäftsleute, Wissenschaftler, Experten, Journalisten, Studenten, Touristen usw. und natürliche Personen, die sich in der Türkei wegen unabdingbarer Zustände wie Arrest, Krankheit usw. länger als sechs Monate aufhalten müssen, zu verstehen.

5.2.2 Beschränkte Steuerpflicht nach dem türkischen Einkommenssteuergesetz

Beschränkt einkommenssteuerpflichtig sind natürliche Personen, die ihren gewöhnlichen Aufenthalt nicht in der Türkei, sondern im Ausland haben. Die Einkommen solcher Personen werden nur dann besteuert, wenn sie in der Türkei erzielt werden und solange dies den Bestimmungen bestehender Doppelbesteuerungsabkommen nicht widerspricht.

Wie im vorigen Abschnitt erläutert, kann das Einkommen gemäß § 1 des türkischen EStG aus sieben verschiedenen Einkünften bestehen.

Die Besteuerung von Einkommen aus Kapitalvermögen setzt voraus, dass sich das Kapitalvermögen in der Türkei befindet. Die Einkünfte der beschränkt steuerpflichtigen natürlichen Personen aus beweglichem Kapitalvermögen (Gewinnanteile aus Beteiligungen, Dividendenzahlungen etc.) unterliegen dem Quellenabzugsverfahren und sind grundsätzlich mit 15 % zu besteuern, wenn eine Gewinnausschüttung stattfindet.

5.2.3 Befreiungen von der Einkommenssteuerpflicht

Befreiungen von der Einkommenssteuerpflicht kann es aus verschiedenen Gründen geben. An dieser Stelle wird ein genereller Überblick über diese Befreiungen gegeben:

- Befreiungen als wirtschaftliche Förderungsmaßnahmen

  In diesem Zusammenhang sind v. a. die vielen Befreiungen für Handwerker und kleine Landwirte zu erwähnen. Es ist aber auch zu betonen, dass die Befreiungen von der Einkommenssteuerpflicht bis zu bestimmten Obergrenzen und unter bestimmten Voraussetzungen, welche im Gesetz genau aufgezählt sind, erfolgen.

- Befreiungen zur Sicherung der sozialen Gerechtigkeit

  Die Nutznießer solcher Befreiungen sind Personen wie Immigranten, Behinderte usw.

- sonstige Befreiungen

  Als Beispiele für diese Fälle sind Künstler, Schriftsteller etc. sowie Diplomaten zu erwähnen.

Steuerfrei sind auch die Einkünfte aus Vermietung und Verpachtung bis zu einem bestimmten Höchstbetrag.

Schadenersatzleistungen an kranke und behinderte Personen sowie an ihre geschädigten Familienangehörigen, Prämien und Schenkungen für wissenschaftliche und künstlerische Spitzenleistungen, Stipendien an begabte Studenten usw. sind auch steuerfrei.

5.2.4 Einkommenssteuertarif und Steuererklärungen

Die Einkommensbesteuerung ist progressiv. In den folgenden Tabellen befinden sich die Steuersätze für verschiedene Einkommensstufen für die Jahre 2012 und 2013.

Gesamteinkommen (in TL)	Steuersatz
für die ersten bis 10.000	15 %
von 10.000 bis 25.000	20 %
von 25.000 bis 58.000	27 %
von 58.000 bis ...	35 %

Tab. 11: Einkommenssteuertarif für das Jahr 2012

Gesamteinkommen (in TL)	Steuersatz
für die ersten bis 10.700	15 %
von 10.700 bis 26.000	20 %
von 26.000 bis 60.000	27 %
von 60.000 bis	35 %

Tab. 12: Einkommenssteuertarif für das Jahr 2013

Beispiel

Eine Gehaltsrechnung als Beispiel für eine Brutto-netto-Ermittlung soll die Sozialabgaben- und Steuerbelastung bei der unselbstständigen Arbeit im Jahre 2013 verdeutlichen.

in TL	
jährliches Bruttoeinkommen	50.000,00
Sozialversicherungshöchstbetrag/Monat	6.360,90
Sozialversicherung AN-Anteil (6.360,90*0,14*12)	10.686,31
Sozialversicherung AG-Anteil (6.360,90*0,195*12)	14.884,51
Arbeitslosigkeitsversicherung AN-Anteil (6.360,90*0,01*12)	763,31
Arbeitslosigkeitsversicherung AG-Anteil (6.360,90*0,02*12)	1.526,62
Berechnung der Einkommenssteuerbemessungsgrundlage: = Bruttogehalt (50.000) – Sozialversicherung AN-Anteil (10.686.31) – Arbeitslosigkeitsversicherung AN-Anteil (763,31)	= 38.550,38
Berechnung der Einkommenssteuer-Stufe laut Tabelle 8	8.053,60
Stempelsteuer (50.000*0,006)	300,00
= Nettogehalt	= 30.196,78

Tab. 13: Brutto-netto-Abrechnung (Stand: 2013)

Im Zusammenhang mit diesem Beispiel ist anzumerken, dass bei der Sozialversicherung eine Mindestgrenze und eine Obergrenze für die Prämienkalkulation vorgesehen sind.

Die Obergrenze liegt, wie dem obigen Beispiel zu entnehmen ist, für die erste Hälfte des Jahres 2013 bei 6.360,90 TL (für das Jahr 2012: 5.762,40 TL), während die Mindestgrenze 886,50 TL beträgt (für das Jahr 2012: 978,60 TL).

Für die erste Hälfte des Jahres 2012 beträgt auch der Mindestlohn 886,50 TL. Für die erste Hälfte 2013 ist dieser Betrag in Höhe von 978,60 TL angegeben.

Der Gesetzgeber unterscheidet im Einkommenssteuergesetz zwischen einem kaufmännischen, landwirtschaftlichen, freiberuflichen und sonstigen Reinertrag. Da der kaufmännische Reinertrag bzw. der Reingewinn auch die Steuerbemessungsgrundlage der Körperschaftssteuer (KÖSt.) ist, sind die Ermittlungsarten des kaufmännischen Reingewinnes nach türkischem Einkommenssteuergesetz etwas näher zu beschreiben.

Der kaufmännische Reingewinn kann entweder

a) durch Betriebsvermögensvergleich oder

b) durch Überschussrechnung oder

c) durch Schätzung ermittelt werden.

ad a) *„... Das Betriebsvermögen setzt sich aus positiven und negativen Bestandteilen zusammen. Gewinn bzw. Verlust sind folglich als Eigenkapitalveränderungen definiert, ... die durch Erträge und Aufwendungen verursacht werden."* (Quelle: § 38 Türkisches Einkommenssteuergesetz)

Der türkische Gesetzgeber nennt diese Ermittlungsart (wörtlich übersetzt) „Ermittlung nach der Bilanzierungsmethode".

ad b) Demnach besteht der Reingewinn aus der Differenz zwischen Einnahmen und Ausgaben, die in einer Geschäftsperiode geschehen. Diese Ermittlungsart ist für diejenigen vorgeschrieben, die nur ein Einnahmen-und-Ausgaben-Buch führen müssen.

ad c) Diese Ermittlungsart ist bei den Berufen anzuwenden, bei denen eine pauschale Besteuerung stattfinden soll.

Die unbeschränkt Steuerpflichtigen haben jedes Jahr bis Ende des dritten Monats ihre jährlichen Steuererklärungen über die im abgelaufenen Kalenderjahr erzielten Einnahmen den Finanzämtern abzugeben. Die unselbstständig Erwerbstätigen sind von dieser Regelung ausgenommen, solange ihr zu besteuerndes Einkommen nur aus einem Gehalt besteht.

Die Arbeitgeber haben bis zum 23. Tag eines jeden Monats für das zu besteuernde Einkommen der Arbeitnehmer eine spezielle Steuererklärung abzugeben und die Einkommenssteuern durch Abzug vom Arbeitslohn zu erheben.

Die erhobene Einkommenssteuer ist spätestens am 26. Tag eines jeden Monats dem Finanzamt zu zahlen. Arbeitgeber, die weniger als zehn Beschäftigte haben, müssen die spezielle Steuererklärung nur einmal im Quartal abgeben. Die mit der jährlichen Steuererklärung veranlagte Einkommenssteuer ist in zwei gleichen Raten, nämlich am Ende des dritten und siebten Monats, zu zahlen.

Die beschränkt Steuerpflichtigen, deren Einkommen dem Quellenabzugsverfahren unterliegen, haben eine spezielle Steuererklärung abzugeben. Die Fristen sind dieselben wie bei den speziellen Steuererklärungen der Arbeitgeber.

5.3 Körperschaftssteuer

Die gesetzliche Grundlage für die Besteuerung der Körperschaften ist das neue Körperschaftssteuergesetz mit der Nummer 5520, welches am 13.06.2006 im Parlament verabschiedet worden ist. Die Änderungen durch das neueste Gesetz sind wie folgt:

- Der Körperschaftssteuersatz wurde auf 20 % reduziert.
- Die Quellenabzugsbesteuerung der beschränkt Steuerpflichtigen wurde im KÖSt.-Gesetz verankert (bisher nur EStG).
- Wichtige Änderungen bzgl. verdeckten Kapitals und verdeckter Gewinnausschüttung sind eingeführt worden.
- In Anlehnung an die OECD-Richtlinien wurden Mechanismen zur Vermeidung von *transfer pricing* sowie Offshore-Geschäften gesetzlich verankert.

Das neue Körperschaftssteuergesetz besteht aus vier Hauptabschnitten:

Der erste Abschnitt beinhaltet die Bestimmungen über den Umfang des Gesetzes und die Befreiungen von der Steuerpflicht. Bestimmungen über die Ermittlung der Steuerbemessungsgrundlage und über den Steuersatz sind im zweiten Abschnitt zu finden.

Wie die veranlagten Steuern zu zahlen und welche Fristen dabei einzuhalten sind, wird im dritten Abschnitt behandelt. Der letzte Abschnitt fasst die Übergangsregelungen zusammen.

Das Steuerobjekt ist der Gewinn bzw. das Einkommen von juristischen Personen. Die Hauptsteuerpflichtigen nach dem türkischen KÖSt.-Gesetz sind:

a) Kapitalgesellschaften des türkischen Handelsrechts
b) Erwerbs- und Wirtschaftsgenossenschaften
c) verstaatlichte Betriebe
d) erwerbswirtschaftliche Organisationen, die von Vereinen und Stiftungen gegründet sind

ad a) Das türkische Handelsrecht unterscheidet zwei Arten von Kapitalgesellschaften:

- Gesellschaft mit beschränkter Haftung (GmbH)
- Aktiengesellschaften (AG)

Außerdem sind alle ausländischen Gesellschaften mit vergleichbaren Rechtsformen Kapitalgesellschaften.

ad b) Für jene Unternehmen, die zu ausländischen verstaatlichten Unternehmen gehören und die weder unter Punkt a) noch unter Punkt b) einzuordnen sind, gelten dieselben Bestimmungen wie für die türkischen verstaatlichten Unternehmen unter Punkt c).

ad c) Darunter sind alle Geschäftspartnerschaften zu verstehen, die von den juristischen Personen, welche in den Punkten a) bis d) aufgezählt sind, miteinander bzw. mit anderen natürlichen Personen für die Erfüllung bestimmter erwerbswirtschaftlicher Zwecke gegründet worden sind.

Im Folgenden werden die Arten der Steuerpflicht, Befreiung und die Ermittlung der Steuerbemessungsgrundlage näher behandelt.

5.3.1 Unbeschränkte Steuerpflicht nach dem türkischen Körperschaftssteuergesetz

Auch das türkische KÖSt.-Gesetz unterscheidet zwischen einer beschränkten und unbeschränkten Steuerpflicht. Alle juristischen Personen, deren Geschäftsleitung oder rechtlicher Sitz sich in der Türkei befindet, sind unbeschränkt körperschaftssteuerpflichtig.

Im Gegensatz zu den beschränkt Körperschaftssteuerpflichtigen erfolgt die Besteuerung nicht nach der Art und dem Ort der Erzielung der Einkommen, sondern nach der Rechtsform des Unternehmens. Erzielt z. B. eine unbeschränkt körperschaftssteuerpflichtige Kapitalgesellschaft Einkommen nur aus Landwirtschaft, nur aus freien Berufen oder nur aus Kapitalvermögen, so werden alle diese Einkommen als „Einkommen aus kaufmännischer Tätigkeit" betrachtet und unterliegen grundsätzlich einer **20 %igen Körperschaftssteuer**.

5.3.2 Beschränkte Steuerpflicht nach dem türkischen Körperschaftssteuergesetz

Falls die juristischen Personen weder ihre Geschäftsleitung noch ihren Sitz in der Türkei haben, sind sie beschränkt körperschaftssteuerpflichtig. Aus diesem Grund unterliegen viele ausländische Investitionen den Bestimmungen für beschränkt Steuerpflichtige.

Nur jene Einkommen, die solche juristische Personen in der Türkei erzielen, werden besteuert. Deshalb soll zunächst erläutert werden, welche Einkommen der Gesetzgeber als „in der Türkei erzielt" betrachtet. Außerdem unterliegen nicht alle Einkommen der beschränkten Körperschaftssteuerpflicht. Je nach Art der Einkommen der beschränkt Körperschaftssteuerpflichtigen erfolgt eine andere Form der Besteuerung mittels Quellenabzugsteuerverfahrens.

Bei den natürlichen Personen und Personengesellschaften, die beschränkt einkommenssteuerpflichtig sind und daher keine KÖSt. zahlen müssen, ist dieses Kriterium nicht von großer Bedeutung, wobei dies bei den beschränkt KÖSt.-Pflichtigen zur Komplexität der Besteuerung führt.

Die Einkommen der beschränkt Körperschaftssteuerpflichtigen aus kaufmännischer Tätigkeit unterliegen der **20 %igen KÖSt., wenn sie in der Türkei eine Betriebsstätte oder ständige Vertretung** haben. Ebenfalls der 20 %igen KÖSt. unterliegen die Einkommen durch Außenhandel und sonstige Einkommen der beschränkt KÖSt.-Pflichtigen.

Die Einkünfte aus unselbstständiger und selbstständiger Arbeit sowie aus Vermietung und Verpachtung sind ohne Veranlagung mit höchstens **20 % (in bestimmten Fällen 10 bzw. 15 %) zu besteuern (sogenanntes Quellenabzugsverfahren).**

Es ist klar, dass diese Einkünfte nur dann zu besteuern sind, wenn sie in der Türkei erzielt werden. Dem Quellenabzugssteuerverfahren unterliegen auch Einkünfte der beschränkt Körperschaftssteuerpflichtigen aus dem Verkauf von Urheberrechten, Marken, Lizenzen, Patenten, technischem Know-how etc. Haben die beschränkt Körperschaftssteuerpflichtigen, die in der Türkei keine Betriebsstätte oder keine ständige Vertretung haben, an einer Ausstellung teilgenommen und dabei Erträge aus dem Verkauf von Waren oder Dienstleistungen erzielt, so haben sie selbst von ihrem Ertrag grundsätzlich 15 % KÖSt. abzuziehen und mit einer speziellen Erklärung versehen dem Finanzamt abzuführen.

5.3.3 Ermittlung der Steuerlast der Körperschaften

Die steuerliche Belastung der Körperschaftssteuerquote und Einkommenssteuer auf die Körperschaftssteuerpflichtigen soll anhand eines Beispiels dargestellt werden.

Beispiel

In dem Beispiel wird angenommen, dass bei der XY-Aktiengesellschaft

- *das Jahresergebnis 5.000 TL,*
- *die Beteiligungsgewinne 2.500 TL und*
- *die nicht abzugsfähigen Aufwendungen, also Rückstellungen 180 TL, Verspätungsstrafen 80 TL, Rückstellungen für Altersruhegeld 740 TL betragen.*

*Die Berechnung „mit" bzw. „ohne" Gewinnausschüttung wird unten tabellarisch dargestellt. Mit Gewinnausschüttung kommt man auf eine endgültige Besteuerung in Höhe von 32 % (Gewinn 100–20 KÖSt. = 80–80*0,15 ESt. = 68).*

ohne Gewinnausschüttung		**mit Gewinnausschüttung**	
Jahresergebnis	5.000	Jahresergebnis	5.000
(+) nicht abzugsfähige Aufwendungen		(+) nicht abzugsfähige Aufwendungen	
Rückstellungen	180	Rückstellungen	180
Verspätungsstrafen	80	Verspätungsstrafen	80
Rückstellungen für Altersruhegeld	740	Rückstellungen für Altersruhegeld	740
Erträge vor den Abzügen	6.000	Erträge vor den Abzügen	6.000
(–) Abzüge		(–) Abzüge	
Beteiligungsgewinn	2.500	Beteiligungsgewinn	2.500
steuerrechtlicher Gewinn	3.500	steuerrechtlicher Gewinn	3.500
Körperschaftssteuer (20 %)	700	Körperschaftssteuer (20 %)	700

ohne Gewinnausschüttung	mit Gewinnausschüttung	
	Erträge vor den Abzügen	6.000
	(–) Abzüge	
	Beteiligungsgewinn	2.500
	Körperschaftssteuer (20 %)	700
	ESt.-Bemessungsgrundlage	4.300
	ESt. (15 %)*	645
	* im Falle von Gewinnausschüttung abgezogene Steuer 5.000–1.345 = 3.505 ist ausschüttungsfähig ohne Berücksichtigung der handelsrechtlichen Rücklagen	

Tab. 14: Berechnung der Körperschaftssteuer mit und ohne Gewinnausschüttung, alle Angaben in TL, Stand: 2013

Bei der Ermittlung der Steuerlast sind folgende Punkte nach dem Körperschaftssteuergesetz besonders wichtig, welche die Bestimmungen über die nicht abziehbaren Änderungen beim verdeckten Kapital und verdeckter Gewinnausschüttung sowie *transfer pricing* regeln. **Demnach sind die nicht abzugsfähigen Aufwendungen wie folgt:**

1. Zinsen, die für Eigenkapital bezahlt oder berechnet werden
2. Zinsen, Kursdifferenzen und ähnliche Ausgaben, die im Hinblick auf verdecktes Kapital bezahlt oder berechnet werden

Als verdecktes Kapital ist für die betroffene Rechnungsperiode jener Teil der Schulden zu verstehen, den die Körperschaften von ihren Gesellschaftern oder von Personen, die mit den Gesellschaftern in Verbindung stehen, direkt oder indirekt beschafft und im Betrieb verwendet haben und der innerhalb der Rechnungsperiode das Eigenkapital der Körperschaft um das Dreifache übersteigt.

Die Schulden von Bankinstituten oder anderen Kreditkörperschaften, deren Hauptgegenstand Finanzierung ist und die in irgendeiner Form mit der finanzierten Gesellschaft im Verwandtschaftsverhältnis stehen, werden bei der Berechnung im Verhältnis von 50 % berücksichtigt. Das heißt, in diesem Fall gilt ein Eigenkapital-zu-Fremdkapital-Verhältnis von 1 : 6.

Körperschaften, bei denen die Eigner, welche direkt oder indirekt mehr als 10 % der Anteile oder mindestens in diesem Verhältnis Stimmrechte oder Gewinnanteilsrechte besitzen, gelten als *related party.* Sogenannte Back-to-Back-Kredite von Banken, Kredit- und Finanzierungsgesellschaften sowie alle anderen Kredite durch Banken, Kredit- und Finanzierungsgesellschaften gelten nicht als verdecktes Kapital.

3. Einkünfte, die durch *transfer pricing* verdeckt verteilt werden

Wenn Körperschaften von bzw. an Personen, mit denen sie in Verbindung stehen, unter nicht fremdüblichen Bedingungen Waren und Dienstleistungen kaufen und verkaufen, gilt der Gewinn gänzlich oder teilweise auf dem Wege des *transfer pricing* als verdeckt ausgeschüttet. „**In Verbindung stehende Personen**“ sind folglich die eigenen Gesellschafter der Körperschaften, Auch die Ehegatten der Gesellschafter, die Nachfahren und

Vorfahren der Gesellschafter und ihrer Ehegatten und Blutsverwandte dritten Grades und Verwandte durch Verschwägerung gelten als in Verbindung stehende Personen.

Alle Ein- und Verkäufe, Produktions- und Bautätigkeiten, Mieten und Vermieten, Pachten, Gelddarlehen, Freiberuflerhonorare, Löhne und Gehälter sowie ähnliche Zahlungen sind bei in Verbindung stehenden Personen ebenfalls unter fremdüblichen Bedingungen vorzunehmen, damit sie nicht als verdeckte Gewinnausschüttung subsumiert werden.

Weiter gelten alle Transaktionen mit den vom Ministerrat bekannt gegebenen Ländern, in denen das Steuersystem im Vergleich zum türkischen Steuersystem eine ungleich vorteilhaftere Besteuerung anbietet und mit denen kein Informationsaustausch besteht, als Transaktionen mit in Verbindung stehenden Personen. Auf solche Transaktionen sind die Bestimmungen der verdeckten Gewinnausschüttung anzuwenden. Solche Transaktionen unterliegen in der Türkei einer 30 %igen Quellenabzugsbesteuerung.

Die Körperschaften müssen die Preise unter fremdüblichen Bedingungen bestimmen und entsprechend dokumentieren. Folgende Methoden sind bei der Ermittlung der Preise unter fremdüblichen Bedingungen zulässig:

- Preisvergleichsmethode
- Wiederverkaufspreismethode
- Kostenaufschlagsmethode
- sonstige von dem Steuerpflichtigen selbst kalkulierte Methode, wenn die ersten drei nicht anwendbar sind

Die Methoden bzgl. der Feststellung des Preises oder des Gegenwertes, die beim Ein- und Verkauf von Waren und Dienstleistungen mit in Verbindung stehenden Personen angewendet werden, sind auf Antrag des Steuerpflichtigen im Einvernehmen mit dem Finanzministerium zu bestimmen.

4. alle Rücklagen
5. die Körperschaftssteuer, die gemäß diesem Gesetz berechnet wird, und verschiedenartige Geldstrafen, Steuerstrafen, sonstige Strafen und Verzugszinsen für öffentliche Forderungen
6. Verluste, die aus Emission der Börsenpapiere unter ihrem Nominalwert entstehen und die Kommissionen, die bzgl. dieser Börsenpapiere bezahlt werden, ebenso alle Ausgaben gleicher Art
7. Ausgaben und Abschreibungen für Kraftseefahrzeuge, wie Jachten, Boote, Geschwindigkeitsboote und Luftfahrzeuge (wie Flugzeuge, Hubschrauber), die gemietet werden oder aktiv sind und mit der Geschäftstätigkeit nicht vereinbar sind
8. Ausgaben für materielle und immaterielle Schadenersatzleistungen wegen strafbarer Handlungen der Körperschaften, deren Vertreter und des Personals; die vertraglichen Schadenersatzleistungen sind ausgenommen
9. Schadensersatzleistungen wegen Vergehen in den Medien
10. 50 % der Anzeige- und Werbeausgaben für alle Alkoholgetränke und Tabakerzeugnisse. Der Ministerrat ist befugt, diese Rate bis zu 100 % zu erhöhen oder bis auf null zu ermäßigen.

5.3.4 Steuerrechtliche Abschreibungen

Nach dem türkischen Steuerverfahrensgesetz sollen folgende Voraussetzungen erfüllt sein, damit eine Abschreibung in Anspruch genommen werden kann. Der Vermögensgegenstand

- soll mehr als ein Jahr dem Betriebszweck dienen,
- soll im Inventar eingetragen sein,
- soll der Abnutzung und dem Verschleiß unterliegen (Grundstücke dürfen z. B. nicht abgeschrieben werden) und
- soll einen bestimmten Wert überschreiten. (Für das Jahr 2012 betrug dieser Wert 770 TL. Das heißt, Vermögensgegenstände, die einen niedrigeren Wert als 770 TL haben, können direkt als Aufwand verbucht werden. 2013 betrug dieser Wert 800 TL).

Nach den geltenden Bestimmungen des türkischen Steuerverfahrensgesetzes können Abschreibungen sowohl für Wirtschaftsgüter des Anlagevermögens als auch für bestimmte Wirtschaftsgüter des Umlaufvermögens vorgenommen werden, deren Verwendung bzw. Nutzung sich auf einen Zeitraum von mehr als einem Jahr erstreckt.

Wenn die Anschaffungs- oder Herstellkosten abnutzbarer Wirtschaftsgüter des Anlagevermögens 800 TL nicht überschreiten (sogenannte geringwertige Wirtschaftsgüter), können diese Kosten im Jahr der Anschaffung oder Herstellung voll als Betriebsausgaben abgesetzt werden. Die Abschreibungsbasis ist grundsätzlich der Anschaffungspreis (Anschaffungs- und Herstellungskosten) des abzuschreibenden Wirtschaftsgutes.

Die Steuerpflichtigen können für ihre abnutzbaren Wirtschaftsgüter des Vermögens den von dem Ministerium für Finanzen festgestellten und erklärten Abschreibungsprozentsatz abschreiben.

Die Abschreibungsprozentsätze für nicht abnutzbare Wirtschaftsgüter des Anlagevermögens liegen zwischen 7 und 10 %. Über die Abschreibungsprozentsätze in außerordentlichen Fällen (z. B. Brand, Explosion usw.) hat das Ministerium für Finanzen zu entscheiden. Für die Anschaffungs- bzw. Herstellungskosten der Wirtschaftsgüter, die vor dem 31.12.1982 gekauft und vor dem 01.01.2004 in Betrieb genommen und aktiviert wurden, gelten andere Abschreibungssätze.

Gegenstand	**wirtschaftliche Nutzungsdauer**	**Abschreibungssatz**
Fernseher	5	20,00 %
Rechner, PDAs, Servers	4	25,00 %
Pkw und Taxen	5	20,00 %
Lkw	4	20,00 %
Staudamm	50	2,00 %
Eisenbahnschiene	10	10,00 %
Handy	3	33,00 %
Schiffe	18	5,55 %

Gegenstand	wirtschaftliche Nutzungsdauer	Abschreibungs-satz
Brücke	15	6,66 %
Straßen	8	12,50 %
Verwaltungsgebäude (aus Beton)	50	2,00 %
Verwaltungsgebäude (aus Holz)	20	5,00 %
Fabrikgebäude (aus Beton)	40	2,50 %
diverse Rechte	15	6,66 %
Firmenwert	15	6,66 %
Ausgaben für Ingangsetzung und Gründung	5	20,00 %
Ausgaben für Forschung und Entwicklung	5	20,00 %
Ausgaben für Mietobjekte	5	20,00 %
Schweißmaschine	5	20,00 %

Tab. 15: Abschreibungsraten

Der Gesetzgeber gewährt dem Steuerpflichtigen bei der Berechnung der Abschreibungsbeträge die freie Wahl zwischen den linearen und degressiven Abschreibungsmethoden.

Nur unter Anwendung der degressiven Methode ist der Steuerpflichtige auch berechtigt, im ersten Jahr den Abschreibungsprozentsatz der Wirtschaftsgüter zu verdoppeln und in den folgenden Jahren nach der Buchwertmethode die Abschreibung mit diesem verdoppelten Abschreibungsprozentsatz fortzusetzen. Der Abschreibungssatz kann in diesem Fall 50 % nicht überschreiten. Diese Art der Abschreibung wird im Gesetz „beschleunigte Abschreibung" genannt. Zur Illustration der beiden Methoden dient die unten angeführte Tabelle.

Beispiel

Jahr	Anschaffungs-wert	lineare Abschreibung		degressive Abschreibung	
1. Jahr	100.000 TL	0,20	20.000 TL	0,40	40.000 TL
2. Jahr	100.000 TL	0,20	20.000 TL	0,40	24.000 TL
3. Jahr	100.000 TL	0,20	20.000 TL	0,40	14.400 TL
4. Jahr	100.000 TL	0,20	20.000 TL	0,40	8.640 TL
5. Jahr	100.000 TL	0,20	20.000 TL	0,40	5.184 TL

Tab. 16: Beispielrechnung für die Abschreibung eines firmeneigenen Pkw

Eine Änderung der gewählten Abschreibungsberechnungsmethode ist lt. Gesetz grundsätzlich nicht zulässig.

5.4 Umsatzsteuer

Ergänzend soll kurz die türkische Umsatzsteuer behandelt werden. In der Türkei besteht generell eine 18 %ige Umsatzsteuerpflicht für Umsätze von Dienstleistungen und Lieferungen von Waren der Unternehmen. Das türkische Umsatzsteuersystem ist wie in Deutschland ein Allphasen-Nettoumsatzsteuersystem.

Grundsätzlich besteht die Umsatzsteuerpflicht sowohl für die beschränkt als auch für die unbeschränkt Steuerpflichtigen. Nur die beschränkt steuerpflichtigen Unternehmen, die Transportleistungen liefern, sind unter bestimmten Voraussetzungen von der Umsatzsteuerpflicht befreit.

Außerdem sind alle Leistungen und Lieferungen an Unternehmen im Ausland von der Umsatzsteuerpflicht befreit. Umsatzsteuerrückerstattung erfolgt grundsätzlich nur bei den Exporten aus der Türkei.

Die Umsatzsteuersätze sind wie folgt:

- für die nicht in den Listen stehenden steuerlichen Handlungen: 18 %
- für die in der ersten Liste stehenden Warenlieferungen und Dienstleistungen: 1 %
- für die in der zweiten Liste stehenden Warenlieferungen und Dienstleistungen: 8 %

Liste (I) – 1 % USt.

1. Rosinen, weiße Feigen, weiße Aprikosen, Walnüsse, Haselnüsse, Pistazien, Pinienkerne, Erdnüsse, Kichererbsen, Kastanien
2. Süßholz, Süßhonig, Lorbeerbaum, Sumak, Linde, Thymian, Salbei, Lebensbaum, Weichselkirsche, Seifenkraut, Kümmel, Sesam, Anis, Mohnsamen, Hanf, Fenchel, Heidekraut, Kapern, Raps, Pflanzengummi, Johannisbrotbaum, Koriander, Champignons, bittere Mandeln, Wicken, Zuckerrüben
3. Baumwolle, Mohairwolle, Wolle
4. Weizen, Gerste, Mais, Roggen, Hafer, ungeschälter Reis, Sojabohnen, enthülste Saubohnen, weiße Bohnen, Linsen, Klein- und Großvieh sowie dessen Fleisch und Innereien OK so, Olivenöl, Kartoffeln, Zwiebeln, Knoblauch, Oliven
5. Brot, Blätterteig, Weizenmehl
6. Felle von Rindern, Pferden, Lämmern, Schafen und Ziegen
7. Zeitungen und Zeitschriften
8. Gebrauchtwagen
9. Vermietung von Firmen und Fabriken
10. Fahrräder

Liste (2) – 8 % USt.

A) Nahrungsmittel:

1. Geflügel und Fisch und dessen Fleisch
2. Milch, Joghurt, Eier, Käse, Tee, Zucker aus Zuckerrüben, Honig

3. Mais, Graupen, Grieß, neben täglichem Frischbrot angebotene Brotsorten, wie Toastbrot, Sandwichbrot, Knäckebrot usw.
4. Obst und Gemüse

B) Sonstige Handelswaren und Dienstleistungen:

1. Eintrittsgelder für Kino, Theater, Oper und Ballett
2. Ausbildung an Universitäten und Schulen
3. Zeitungspapier, Druckpapier
4. Bücher und andere Drucksorten
5. Soja, Kleie, Fischmehl, Knochenmehl, organisches Tierfutter, Stroh

Nach dem aus insgesamt drei Artikeln bestehenden Ministerratsbeschluss wurden in Bezugnahme auf Artikel 28 des Mehrwertsteuergesetzes Nr. 3065 zur Warenliste im Anhang II (Waren, die einem Mehrwertsteuersatz von 8 % unterliegen) sieben neue Produktgruppen hinzugefügt. Damit unterliegen mit sofortiger Wirkung Textil- und Konfektionserzeugnisse sowie verarbeitete Produkte aus Leder und Fellen (einschließlich Schuhen, Taschen, Koffern u. Ä.) sowie Teppiche einer Mehrwertbesteuerung von nur noch 8 %. Mit dieser Steuersenkung ging jedoch nur ein Teil der Forderungen der Textil- und Bekleidungsindustrie in Erfüllung.

5.4.1 Steuerverfahrensrecht

Die wesentlichen verfahrensrechtlichen Aspekte der Steuergesetzgebung sind im **Gesetz über das Steuerverfahren** enthalten. Zugleich umfasst das Gesetz auch Teile des materiellen Steuerrechts wie z. B. Abschreibungen.

Das Gesetz über das Steuerverfahren gilt für alle Steuerarten und steuerlichen Nebenleistungen und ist auf alle Steuerrechtsgebiete anzuwenden, soweit Einzelsteuergesetze oder internationale Verträge wie z. B. DBA nichts anderes vorsehen.

Steuervollstreckungsmaßnahmen sind im betreffenden Gesetz nicht geregelt. Hierzu ist **„das Gesetz über das Vollstreckungsverfahren von öffentlich-rechtlichen Forderungen"** maßgebend.

5.4.2 Zuständigkeiten der Finanzbehörden

Die Zuständigkeiten der Steuerbehörden sind im Gesetz über das Steuerverfahren nicht im Einzelnen geregelt. Stattdessen wird im Steuerverfahrensgesetz auf die Einzelsteuergesetze verwiesen, welche die örtlichen und sachlichen Zuständigkeiten festlegen.

Laut Steuerverfahrensgesetz kann das Finanzministerium die Zuständigkeiten der Steuerbehörden neu bestimmen bzw. neue Steuerbehörden errichten.

5.4.3 Steuergeheimnis

Das Steuerverfahrensgesetz stellt das Steuergeheimnis insofern sicher, als die steuerlichen Geheimnisse oder andere der Geheimhaltungspflicht unterliegende Verhältnisse eines Steuerpflichtigen nicht offenbart oder verwertet werden dürfen.

Der Verstoß gegen das Steuergeheimnis liegt z. B. vor, sobald die Einkommens- und Vermögensverhältnisse des Steuerpflichtigen und der ihm nahestehenden Personen offenbart oder von den Amtsträgern für sich oder Dritte verwertet werden.

Amtsträger sind Finanzbeamte und -richter, Mitglieder der Steuerkommissionen, Sachverständige usw., die auch dann der Geheimhaltungspflicht unterliegen, wenn sie nicht mehr im Dienst sind.

Die öffentliche Bekanntgabe der Spitzensteuerzahler und Anzeigen im Zusammenhang mit Steuerstraftaten (Steuerhinterziehung, Urkundenfälschung und Ausstellung von Scheinrechnungen usw.) stellen einige Ausnahmen von der Geheimhaltungspflicht dar.

Jeder Verstoß gegen das Steuergeheimnis wird nach dem türkischen Strafgesetzbuch geahndet.

5.4.4 Die Haftung

Im Steuerverfahrensrecht wird zwischen dem Steuerschuldner und dem Haftungsschuldner unterschieden.

Als Steuerschuldner gilt der Steuerpflichtige, der als natürliche oder juristische Person eine Steuer schuldet. Unter Haftungsschuldner ist diejenige Person zu versehen, die gegenüber der Steuerverwaltung (Steuergläubiger) für die Zahlung der Steueransprüche einstehen muss.

Als Haftungsschuldner kommen insbesondere die gesetzlichen Vertreter von Minderjährigen und Behinderten sowie von Körperschaften (z. B. Geschäftsführer einer GmbH oder Vertreter eines Vereins) in Betracht. Der sachliche Umfang der Haftungsschuld richtet sich nach der Höhe der Steuerschuld und kann sich auf das gesamte Vermögen des Haftungsschuldners erstrecken.

Die Haftung für die Steuerschulden kann sich auch aus der Verpflichtung zur Einbehaltung und Abführung der Abzugssteuern ergeben. Die Erben haften u. U. für die Steuerschulden des Erblassers, soweit diese z. B. das Erbe nicht ausgeschlagen haben.

Die Haftungsschuld kommt jedoch nicht in folgenden Situationen in Betracht:

- persönliche Ereignisse wie Unfälle, Krankheiten und Verhaftung, durch die die Erfüllung der steuerlichen Pflichten unmöglich wird
- Naturkatastrophen wie z. B. Feuer, Erdbeben oder Überschwemmungen, die ein Hindernis bzgl. der Erfüllung steuerlicher Pflichten darstellen
- andere Hinderungsgründe, die ohne Verschulden des Steuerpflichtigen entstanden sind

5.4.5 Fristen

Gesetzliche und behördliche Fristen sind voneinander zu trennen, wobei Erstere in den Einzelsteuergesetzen zu finden sind. Für behördliche Fristen, die einen Zeitraum von 15 Tagen nicht unterschreiten dürfen, ist die jeweilige Steuerbehörde zuständig, soweit keine gesetzliche Regelung besteht.

Bei Fristversäumnissen ohne Verschulden des Steuerpflichtigen gelten die Fristen als nicht versäumt. Die Fristverlängerung ist an die Bedingung geknüpft, dass die Versäumnisgründe der Steuerbehörde bekannt sind bzw. vom Steuerpflichtigen nachgewiesen werden können.

In Erbfällen verlängert sich die gesetzliche Frist für Mitteilungen und Erklärungen um drei Monate nach dem Eintritt des Todesfalles, sodass die Erben ihre Pflichten ohne Fristversäumnis erfüllen können. Die Einzelsteuergesetze (z. B. das Erbschaftssteuergesetz) beinhalten ebenfalls Fristregelungen in Todesfällen.

Die gesetzliche Frist kann bei Vorliegen folgender Voraussetzungen seitens des Ministeriums für Finanzen verlängert werden, wobei die Zuständigkeit auf die Steuerbehörden übertragen werden kann:

1. Der Steuerpflichtige oder sein Vertreter muss den Antrag auf Fristverlängerung vor Fristablauf stellen.
2. Die Antragsbegründung muss seitens der zuständigen Behörde als ausreichend angesehen werden.
3. Die Fristverlängerung darf die Ansprüche des Steuergläubigers nicht gefährden.

Die Fristberechnung ist laut Steuerverfahrensgesetz wie folgt vorzunehmen:

1. Bei einer nach Tagen bestimmten Frist wird der Anfangstag nicht berücksichtigt. Die Frist endet mit Ablauf der letzten Stunde der behördlichen Öffnungszeiten des letzten Tages.
2. Bei Wochen- oder Monatsfristen gilt als Fristende der Ablauf desjenigen Tages der letzten Woche, des letzten Monats, der durch seine Zahl dem Anfangstag der Frist vorangeht.
3. Für den Fall, dass das Ende einer Frist auf einen bestimmten Tag festgelegt ist, endet die Frist mit dem Ablauf der letzten Stunde der Öffnungszeiten.
4. Die gesetzlichen Feiertage sind bei der Fristberechnung mit der Folge mitzurechnen, dass das Fristende an einem gesetzlichen Feiertag auf den nächsten Werktag verlegt wird.

5.4.6 Erlöschen von Steueransprüchen und Korrektur von Steuerfehlern

Die Entstehung des Steueranspruchs ist an die Verwirklichung des rechtlich oder tatsächlich steuerlich relevanten Tatbestandes gebunden und führt zur Steuerschuld aus der Sicht des Steuerpflichtigen. Als Erlöschensgründe für Steueransprüche kommen die Zahlung, die Festsetzungsverjährung und der Erlass in Betracht.

Die Frist für die Festsetzungsverjährung beträgt fünf Jahre. Die Ablaufhemmung tritt ein, sobald das zuständige Finanzamt eine Kommission mit der Schätzung der Besteuerungsgrundlagen beauftragt hat, und gilt so lange, bis die Kommission über den Sachverhalt endgültig entschieden hat. Die Festsetzungsfrist beginnt mit dem Beginn des Folgejahres nach dem Kalenderjahr der Steuerentstehung und endet mit Ablauf des fünften Folgejahres.

Die Steuern können erlassen werden, wenn z. B. der Steuerpflichtige sein Vermögen mindestens zu einem Drittel z. B. durch Naturkatastrophen (Feuer, Erdbeben, Überschwemmung usw.) verloren hat. Bei Kleinbeträgen kann die Steuerbehörde ebenfalls von einer Festsetzung bzw. Erhebung der Steuern absehen. Die Steuerbescheide können berichtigt werden, wenn steuerliche Unrichtigkeiten (Steuerfehler) vorliegen. Diese können sowohl mechanische Rechenfehler betreffen als auch materielle Fehler, also Rechtsfehler sein.

Die steuerlich relevanten und zu berichtigenden Rechenfehler sind folgende:

1. Bei der Festsetzung der Besteuerungsgrundlagen (bzw. des Steuermessbetrages) werden falsche Zahlen oder Ermäßigungsbeträge zugrunde gelegt.
2. Steuersätze bzw. -tarife wurden falsch angewandt, Anrechnungsbeträge nicht oder nicht in vollem Umfang berücksichtigt bzw. die Steuern zu hoch oder zu niedrig festgesetzt.
3. Bei ein und derselben Steuerart wird die Besteuerungsgrundlage mehrmals zugrunde gelegt, wodurch die Steuern mehrfach festgesetzt wurden.

Als materielle Fehler kommen folgende Sachverhalte in Betracht:

1. Als Steuerschuldner wird anstatt des Steuerpflichtigen ein Dritter festgelegt.
2. Jemand, der der Steuerpflicht nicht unterliegt oder davon befreit ist, wird von der Besteuerung erfasst.
3. Ein außerhalb des Steuerrechts liegender Sachverhalt oder ein Steuerbefreiungstatbestand wird Gegenstand der Besteuerung.
4. Es wird ein falscher Besteuerungszeitraum zugrunde gelegt.

Die Entscheidung über die Berichtigung der Steuern obliegt dem Leiter der Steuerbehörde, wobei die Steuerberichtigung sowohl zu einer Nachzahlung als auch zu einer Erstattung führen kann.

Steuerunrichtigkeiten können seitens der Steuerbehörde von Amts wegen berichtigt oder auf schriftlichen Antrag des Steuerpflichtigen behoben werden, soweit die Festsetzungsfrist nicht verjährt ist. Im Falle einer Korrektur zuungunsten des Steuerpflichtigen kann vom Klageverfahren beim Finanzgericht Gebrauch gemacht werden.

5.4.7 Steuerstrafverfahren

Die Steuerstraftaten in der Türkei lassen sich in drei Gruppen einteilen:

- Steuerverlust
- Ordnungswidrigkeiten
- besondere Ordnungswidrigkeiten

Diese Steuerstraftaten werden insbesondere durch die Verletzung der Pflichten des Steuerpflichtigen wie z. B. Melde- und Anzeigepflichten, Auskunftspflichten, Buchführungs- und Aufzeichnungspflichten, Erklärungspflichten sowie Aufbewahrungs- und Vorlagepflichten verursacht.

Je nach der Schwere der Steuerstraftat sind im Steuerverfahrensgesetz Geld- und Freiheitsstrafen oder sonstige Sanktionen wie z. B. Gewerbeuntersagung oder Ausreiseverbot vorgesehen. Strafbefreiung kann jedoch durch eine Selbstanzeige erreicht werden.

Der Verdacht einer Steuerstraftat kann eine sofortige Durchsuchung zur Folge haben. Diese Maßnahme setzt jedoch einen Durchsuchungsbeschluss der Staatsanwaltschaft voraus. Die Steuerbehörden können zur Ermittlung von Steuersachverhalten von Amts wegen, auch unabhängig vom Verdacht einer Steuerstraftat, Maßnahmen wie Außenprüfungen und Untersuchungen durchführen.

Die Anordnung der Außenprüfung kann jederzeit und ohne vorherige Benachrichtigung des Steuerpflichtigen ergehen und dient v. a. der Ermittlung und Feststellung der steuerlich relevanten Verhältnisse (Umsatzerlöse, Buchführungsordnung, Geschäftsbeziehungen usw.).

Die Steueruntersuchung wird durchgeführt, um die Festsetzung und Durchsetzung der Steueransprüche der Art und der Höhe nach und zeitnah sicherzustellen. Die Steuerbehörden sind verpflichtet, sich bei der Durchführung der Steueruntersuchung an bestimmte Grundsätze zu halten. Dazu gehören v. a. die Mitteilung über den Gegenstand der Steueruntersuchung, die Zustimmung der Beteiligten und die Aushändigung des Prüfungsprotokolls an den Steuerpflichtigen.

5.5 Fazit

Obwohl die Steuereinnahmen aus Körperschafts- und Einkommenssteuer an den Gesamtsteuereinnahmen (makroökonomisch gesehen) einen relativ geringen Anteil bei den indirekten Steuern aufweisen, ist die Rolle der Körperschafts- und Einkommenssteuer (mikroökonomisch gesehen) für die Investoren in der Türkei sehr wesentlich. Im Rahmen der zusammenfassenden Darstellung wurde versucht, unter Bezugnahme aktueller Gesetzesänderungen insbesondere den potenziellen ausländischen Investoren auf dem türkischen Markt einen groben Überblick über die beiden für ausländische Direktinvestitionen in erster Linie infrage kommenden Steuerarten zu geben.

In diesem Zusammenhang ist zu erwähnen, dass eine Einkommenssteuergesetzesänderung, welche sich verspätet hat, noch bevorsteht. Ebenfalls ist dann mit entsprechenden Änderungen in der insbesondere veralteten Steuerverfahrensgesetzgebung zu rechnen.

Die Reduktion der Körperschaftssteuer auf 20 % ist wegen der positiven Auswirkung auf das Investitionsklima zu begrüßen und zeigt auch ihre positiven Auswirkungen in der Zunahme der Körperschaftssteuereinnahmen.

Ebenfalls ist eine endgültige Steuerbelastung in Höhe von 32 % im Falle einer Gewinnausschüttung als besonders erfreulich zu bezeichnen.

Als negativ einzustufen wären die erhöhten Einkommenssteuersätze sowie die kompliziertere und im Vergleich zur Vergangenheit zu detaillierte Handhabung der Abschreibungssätze sowie die Abschaffung der Investitionsfreibeträge.

6 Rechtliche Rahmenbedingungen für eine unternehmerische Tätigkeit in der Türkei

Autor: Refik Türkoglu

6.1 Einführung

Für eine unternehmerische Tätigkeit in der Türkei kommt Folgendes in Betracht:

- Gründung einer Tochtergesellschaft, GmbH oder Aktiengesellschaft
- Gründung einer Niederlassung
- Gründung einer Repräsentanz/eines Verbindungsbüros

6.2 GmbH oder Aktiengesellschaft

6.2.1 GmbH und Aktiengesellschaft nach dem neuen tHGB Nr. 6102

6.2.1.1 Gemeinsamkeiten von Aktiengesellschaft und Limited-Gesellschaft

1. **Art der Gesellschaft**

   Beide Gesellschaftsarten sind Kapitalgesellschaften.

2. **Anzahl der Gesellschafter**

   Die Aktien- als auch Limited-Gesellschaft kann durch einen oder mehrere Gesellschafter gegründet werden. Diese können sowohl natürliche als auch juristische Personen sein.

3. **Juristische Person**

   Beide Gesellschaftsarten erlangen mit der Eintragung ins Handelsregister die Eigenschaft einer juristischen Person. Dieser Umstand wird im Handelsregisterblatt veröffentlicht.

4. **Rechtsfähigkeit**

   Beide Gesellschaftsarten sind als juristische Person sowohl rechts- als auch handlungsfähig.

5. **Organe**

   Beide Gesellschaftsarten nehmen ihre Rechtshandlungen durch Organe vor. Vertretungsberechtigte können jegliche Rechtsgeschäfte, die dem Zweck und Tätigkeitsbereich der Gesellschaft entsprechen, im Namen der Gesellschaft ausüben und die Firmenbezeichnung verwenden.

6. Sitz der Gesellschaft

Bei beiden Gesellschaftsarten kann der Sitz der Gesellschaft frei ausgewählt werden.

7. Stammkapital

Bei beiden Gesellschaftsarten kann die Einlage sowohl durch eine Geld- (Bargeld, Forderungen, Wertpapiere) als auch durch eine Sacheinlage (bewegliche und unbewegliche Vermögensgüter wie Marken-, Patent-, Geschmacksmusterrechte) erbracht werden. Die Arbeitskraft (wie persönliche Arbeitskraft, wirtschaftliche Kreditwürdigkeit, technische Kenntnisse, Kundenkreis, Arbeitserfahrung) kann bei beiden Gesellschaftsarten nicht als Kapital eingebracht werden.

8. Gesellschaftsvertrag/Satzung

Bei beiden Gesellschaften muss der Gesellschaftsvertrag/Satzung schriftlich verfasst und durch die Gründungsmitglieder unterschrieben und notariell beglaubigt werden.

9. Gläubigerschutz

Die Gläubiger der Gesellschaft können nicht direkt gegen die Gesellschafter zur Durchsetzung ihrer Ansprüche vorgehen. Bei diesen Gesellschaftsarten sind die Gesellschafter nur für das einzubringende Kapital oder für die in dem Gesellschaftsvertrag/der Satzung vorgesehene Nachzahlungspflicht verpflichtet. Gleichfalls bei beiden Gesellschaften hat nur die Gesellschaft den Anspruch, gegen die Gesellschafter die Zahlung der Einlage geltend zu machen.

10. Aufsicht

Bei beiden Gesellschaften findet die Aufsicht vor dem Zoll- und Wirtschaftsministerium statt. Die Aufsicht selbst erfolgt durch unabhängige Wirtschaftsprüfer.

11. Zivilrechtliche und strafrechtliche Verantwortlichkeit

Bei beiden Gesellschaften sind die Regelungen der zivilrechtlichen und strafrechtlichen Verantwortlichkeit bei der Gründung, Führung, Aufsicht und Auflösung der Gesellschaft ähnlich.

12. Firmenname

Bei beiden Gesellschaften ist die Führung eines Firmennamens verpflichtend und zur Kenntlichmachung des Tätigkeitsbereiches der Firmenname frei wählbar und durch Zusätze ergänzbar. Der Firmenname muss allerdings die Bezeichnung *Anonim Şirket* (Aktiengesellschaft) oder *Limited Şirket* (Gesellschaft mit beschränkter Haftung) enthalten.

13. Körperschaftssteuer

Nach dem Körperschaftssteuergesetz fallen Aktiengesellschaften und die Limited als Kapitalgesellschaften unter die Körperschaftssteuer.

6.2.1.2 Unterschiede von der Aktiengesellschaft und der Limited-Gesellschaft

1. Anzahl der Gesellschafter

a) Bei der Aktiengesellschaft gibt es keine Beschränkung der Mitgliederzahl.

b) Bei der Limited kann es höchstens 50 Gesellschafter geben.

2. Kapitalsysteme

a) Bei einer Aktiengesellschaft gibt es das Stammkapitalsystem und das eingetragene Kapitalsystem, die Mindesteinlage beim Stammkapitalsystem ist 50.000 TL; beim eingetragenen Kapitalsystem 100.000 TL.

b) Bei der Limited gibt es ausschließlich das Stammkapitalsystem und das Mindestkapital beträgt 10.000 TL.

3. Organe

a) Die Generalversammlung und der Verwaltungsrat sind zwingend vorgeschriebene Organe der Aktiengesellschaft.

b) Bei der Limited sind die Generalversammlung und der Geschäftsführer/bei mehreren Geschäftsführern ein Geschäftsführungsrat zwingend vorgeschriebene Organe.

4. Änderung des Gesellschaftsvertrages/der Satzung

a) Enthält das Gesetz oder die Satzung keine gegenteilige Bestimmung, so kann die Generalversammlung einer Aktiengesellschaft, in der mindestens die Hälfte des Stammkapitals vertreten ist, mit der Mehrheit der anwesenden Stimmen die Satzung durch einen Beschluss ändern. Wird bei der ersten Versammlung das Versammlungsquorum nicht eingehalten, kann innerhalb eines Monats eine zweite Versammlung einberufen werden. Bei dieser muss dann mindestens ein Drittel des Stammkapitals vertreten sein.

b) Bei der Limited kann, wenn das Gesetz und der Gesellschaftsvertrag dem nicht entgegenstehen, der Gesellschaftsvertrag durch einen Beschluss der Generalversammlung, in der zwei Drittel des Stammkapitals vertreten ist, geändert werden.

5. Vertretung und Verpflichtung der Gesellschaft

a) Die Verwaltungsratsmitglieder müssen bei der Aktiengesellschaft nicht zwingend Aktionäre sein.

b) Bei der Limited muss mindestens ein Gesellschafter auch Geschäftsführer sein, die anderen Geschäftsführer müssen diese Eigenschaft nicht aufweisen.

6. Repräsentation bei der Generalversammlung

a) Bei der Generalversammlung der Aktiengesellschaft erfolgt die Repräsentation nach der Anzahl der Aktien.

b) Bei der Limited ergibt sich die Mehrheit aus einer Kombination des vertretenen Kapitals und der Gesellschafteranzahl.

7. **Haftung der Gesellschafter**

   a) Aktionäre einer AG, die ihre Kapitaleinbringung erbracht haben, sind für Forderungen gegen die Gesellschaft nicht haftbar.

   b) Für die Limited gilt derselbe Grundsatz, mit der Ausnahme, dass für öffentliche Forderungen (wie Steuern, Sozialversicherungsbeiträge) die Gesellschafter in Höhe ihrer Anteile haften.

8. **Aktien/Anteilsscheine**

   a) Bei der Aktiengesellschaft können Aktien, die in Form von Wertpapieren auf den Namen oder den Inhaber ausgeschrieben sind, herausgebracht werden.

   b) Limited-Anteile, die auf den Namen oder den Inhaber ausgeschrieben sind, stellen keine Wertpapiere dar.

9. **Anteilsübertragung und Steuer**

   a) Die Aktienübertragung bei Aktiengesellschaften muss keiner bestimmten Form entsprechen. Für den Fall, dass die Aktien nach zwei Jahren übertragen werden, fällt für den Gewinn hierauf keine Steuer an.

   b) Die Anteilsübertragung bei der Limited muss einer bestimmten Form entsprechen. Die Übertragung muss durch beide Parteien unterschrieben, diese notariell beglaubigt und dieser Umstand im Handelsregister eingetragen werden. Die Wertsteigerung der übertragenen Anteile des Grundkapitals ist als Gewinn in Form der Einkommenssteuer abzuführen.

10. **Börsengangstatus**

   a) Bei der Aktiengesellschaft kann eine Kapitalerhöhung aus Gesellschaftsmitteln (nominal) oder durch neues gesellschaftsfremdes Kapital (effektiv) erfolgen. Es kann durch eine Verpflichtungserklärung eine Kapitalerhöhung durch fremde Mittel und die Möglichkeit eines Börsengangs wahrgenommen werden.

   b) Bei der Limited gibt es keine Möglichkeit eines Börsengangs.

6.2.2 Die wichtigsten Voraussetzungen für die Gründung einer Firma durch ausländische natürliche und juristische Personen

PRAXISTIPP

Mit Inkrafttreten des Gesetzes Nr. 4875 vom 16.06.2003 betreffend ausländische Direktkapitalinvestitionen benötigen ausländische natürliche oder juristische Personen keine Genehmigung des Wirtschaftsministeriums, Generaldirektorat für Förderungen und ausländisches Kapital, mehr, auch muss kein Mindestbetrag von 50.000 USD pro ausländischen Gesellschafter mehr in die Türkei eingebracht werden. Ausländische natürliche und juristische Personen sind somit den inländischen türkischen Personen gleichgestellt, sofern in internationalen Abkommen und den besonderen gesetzlichen Bestimmungen nicht anderes vorgesehen ist, Art. 3a Gesetz Nr. 4875.

Bis zum Inkrafttreten des Gesetzes Nr. 4875 konnten ausländische Personen nur eine GmbH oder eine Aktiengesellschaft bzw. eine Niederlassung gründen. Nun stehen alle Gesellschaftsformen zur Verfügung, allerdings sind die GmbH und die Aktiengesellschaft die üblichsten Gesellschaftsformen.

Das türkische HGB stammt aus dem Jahr 1956. Es wurde unter Mitarbeit von Prof. Ernst Hirsch, dem ehemaligen Rektor der FU Berlin, erstellt, d. h., es hat die Wurzeln im deutschen Handelsrecht.

Mit Inkrafttreten des neuen Handelsgesetzes Nr. 6102 zum 01.07.2012 können nun auch eine Ein-Mann-GmbH und eine Ein-Mann-AG gegründet werden, des Weiteren wurden Anpassungen an das Recht der Europäischen Union vorgenommen, d. h., es ist grds. vergleichbar mit dem deutschen Handelsrecht.

Zur Gründung einer GmbH oder Aktiengesellschaft benötigt man folgende Unterlagen:

1. **Firmensatzung nach türkischem Recht, ein Gesellschafter bei der Limited muss unbedingt Geschäftsführer sein**

2. **Von den Gesellschaftern**

   a) vom ausländischen Gesellschafter, natürliche Person

      aa) Kopie des Reisepasses oder Personalausweises

      bb) türkische Steuernummer

   b) von der ausländischen juristischen Person

      aa) Handelsregisterauszug versehen mit Apostille des Landgerichts nach dem Haager Abkommen

      bb) türkische Steuernummer

      cc) Beschluss des GmbH-Gesellschafters (juristische Person), durch wen sie sich als Geschäftsführer bei der Gesellschaft vertreten lässt, notariell beglaubigt versehen mit Apostille des Landgerichts

3. **Von der ausländischen natürlichen Person, d. h. den Geschäftsführern, Verwaltungsratsmitgliedern bzw. zeichnungsberechtigen Personen**

   a) Kopie des Reisepasses oder Personalausweises

   b) türkische Steuernummer

   c) Unterschriftsproben der unterschriftsberechtigten Personen

   d) Einverständniserklärung für die Bestellung als Geschäftsführer oder Verwaltungsratsmitglied

   e) Unterschriftszirkulare der unterschriftsberechtigten Personen nach der Gründung

4. **Kapitaleinzahlung**

   Es muss mindestens ein Viertel des Stammkapitals bei Gründung einbezahlt werden, das Kapital ist dazu vor der Gründung auf einem Konto bis zur Eintragung der Gesellschaft zu blockieren.

   Nach der Gründung ist beim zuständigen Finanzamt für die neue Gesellschaft eine Steuernummer einzuholen.

5. Nach Registrierung der Gesellschaft im Handelsregister ist eine Steuernummer beim Finanzamt einzuholen. **Danach kann mit den Geschäftstätigkeiten in der Türkei begonnen werden.**

6.3 Niederlassung

Eine Niederlassung ist die rechtlich verselbstständigte Filiale einer Muttergesellschaft. Für ihre Gründung gilt das oben zur AG und GmbH Gesagte entsprechend mit der Maßgabe, dass an die Stelle der Satzung der Beschluss der Muttergesellschaft tritt, eine Niederlassung zu gründen.

Die Niederlassung wird als solche in das Handelsregister eingetragen und erlangt damit Rechtspersönlichkeit.

Geschäftsführung und Vertretung der Niederlassung erfolgen durch einen Vertreter, der von der Muttergesellschaft eingesetzt wird. Dieser kann die Niederlassung nur im Rahmen von deren Zweck wirksam verpflichten.

Vorteile der Niederlassung: Gegenüber AG und GmbH hat die Niederlassung den Vorteil, dass neben der Muttergesellschaft keine weiteren Gesellschafter erforderlich sind.

Die vollständige Abhängigkeit kann Vorteile bringen, aber auch, wie jede organisatorische Verbindung, einen Nachteil bedeuten.

Nachteile der Niederlassung sind die organisatorische Unselbstständigkeit und die fehlende Möglichkeit, andere Personen an der Niederlassung zu beteiligen.

Ferner haftet die Muttergesellschaft für die Verbindlichkeiten der Niederlassung. Im Unterschied zu einer AG oder GmbH kann über die Niederlassung auch die Muttergesellschaft verklagt werden.

Steuerrechtlich wird die Niederlassung wie auch die AG und die GmbH nach einem einheitlichen Körperschaftssteuersatz besteuert.

CHECKLISTE

Die Gründung einer Niederlassung

- ❑ *(1) Gesellschafter- oder Verwaltungsratsbeschluss der Muttergesellschaft mit dem Inhalt, dass in der Türkei eine Niederlassung mit dem Namen X, Niederlassung der Firma X gegründet wird, ferner, dass Herr/Frau X als Leiter der Niederlassung bestellt wird und der Niederlassung ein Kapital in Höhe von X zur Verfügung gestellt wird. Dieser Beschluss muss von einem Notar beglaubigt sein und mit Apostille des Landgerichts versehen sein.*
- ❑ *(2) Gesellschaftervertrag bzw. Satzung der Muttergesellschaft. Diese muss von einem Notar beglaubigt und mit Apostille des Landgerichts versehen sein.*
- ❑ *(3) Handelsregisterauszug versehen mit Apostille des Landgerichts*
- ❑ *(4) türkische Steuernummer der Muttergesellschaft*

❑ *(5) Vom Niederlassungsleiter benötigt man eine Kopie des Reisepasses sowie eine notarielle Unterschriftsbeglaubigung, ferner muss ihm eine Vollmacht erteilt werden, die notariell beglaubigt und mit Apostille des Landgerichts versehen ist, ferner eine türkische Steuernummer.*

❑ *(6) Vollmacht für die Niederlassungsgründung*

6.4 Repräsentanz/Verbindungsbüro

Verbindungsbüros sind Einrichtungen, die durch die finanzielle Unterstützung der ausländischen Muttergesellschaft geführt werden. Man kann sie auch als Vertreter der Muttergesellschaft in der Türkei, die ohne Kommission tätig werden, bezeichnen. Die Genehmigungen werden vom Wirtschaftsministerium, Generaldirektorat für Förderungsanwendung und ausländisches Kapital, erteilt. In der erteilten Genehmigungsurkunde, in der vorgesehen ist, dass sie in der Türkei keinerlei kaufmännische Tätigkeiten ausüben dürfen, ist bestimmt, dass die Werbe- und Vermittlungstätigkeiten des Büros nicht als kaufmännische Tätigkeiten angesehen werden. Wie bei den bisherigen Regelungen über die Verbindungsbüros kann eine Erlaubnis über einen Zeitraum von höchstens drei Jahren erteilt werden. Verlängerungsanträge werden unter Berücksichtigung der Tätigkeiten des vergangenen Jahres, der Anzahl des angestellten Personals, der zukünftigen Pläne bewertet.

Die Verlängerungsanträge eines Verbindungsbüros, die sich mit dem Tätigkeitsbereich „Marktforschung oder Werbung der Produkte und Dienstleistungen des ausländischen Unternehmens" befassen, werden nicht gestattet. Für die sonstigen Tätigkeiten werden die Verlängerungsanträge grds. gemäß den unten tabellarisch aufgeführten Bedingungen und Dauern bearbeitet und erteilt.

Tätigkeitsbereich	**Dauer (Jahre)**
Vertretung und Empfang (Vertretung des ausländischen Unternehmens vor den branchenspezifischen Unternehmen und bei zuständigen Organisationen, Koordination und Organisation der Arbeitsabläufe durch die Bevollmächtigten in der Türkei und die Begleichung des Bürobedarfs dieser Personen)	5
Kontrolle und Überprüfung der Qualitäts- und Standardbeschaffenheit der Zulieferer in der Türkei und Versorgung der Lieferanten (Inspektion im Rahmen der Qualitätsstandards der ausländischen Unternehmen der Firmen, die im Auftrag im Auftrag von ausländischen Unternehmen produzieren, Produkt- und Herstellernachfrage der ausländischen Unternehmen)	5
technische Unterstützung (Sicherstellung der Ausbildung und/oder technischen Unterstützung der Lieferanten, die Anbietung der Unterstützung an die herstellenden Zulieferer zur Verbesserung der Qualitätsstandards)	5
Kommunikation und Informationsaustausch (Übermittlung der Marktentwicklungen an die ausländischen Unternehmen, die in der Türkei ihren Tätigkeitsbereich haben, Konsumententrends, Umsatzprognosen von konkurrierenden Unternehmen und Lieferanten, die Nachforschung und Übermittlung ähnlich relevanter Informationen)	5

Tätigkeitsbereich	Dauer (Jahre)
regionales Verwaltungszentrum (Gewährleistung von Koordination und Verwaltung des ausländischen Unternehmens gerichtet an die jeweiligen Abteilungen in den Bereichen Entwicklung von Investitions- und Verwaltungsstrategien, Planung, Werbung, Verkauf, Kundendienst, Markenführung, Finanzmanagement, technische Unterstützung, Forschung und Entwicklung (F+E), externe Versorgung, Überprüfung neu entwickelter Produkte, Labordienste, Forschung und Analyse, Ausbildung von Personal)	10

Tab. 17: Bedingung und Dauer von Verlängerungsanträgen für Verbindungsbüros

CHECKLISTE

Die Gründung eines Verbindungsbüros

Unterlagen, die zur Erteilung der Genehmigung beim Generaldirektorat für Förderungsanwendung und ausländisches Kapital, Wirtschaftsministerium, vorgelegt werden müssen:

- ❑ *(1) Handelsregisterauszug der Muttergesellschaft versehen mit Apostille des zuständigen Landgerichts*
- ❑ *(2) Jahresbericht inkl. Bilanz und Gewinn- und Verlustrechnung vom letzten Jahr, falls vorhanden in englischer Sprache*
- ❑ *(3) Verpflichtungserklärung, dass das Verbindungsbüro keine wirtschaftlichen Tätigkeiten ausüben wird, verfasst auf dem Firmenbogen, ohne Beglaubigung*
- ❑ *(4) Vollmacht für den Leiter des Verbindungsbüros. Die Vollmacht muss von einem Notar ausgestellt und mit Apostille des Landgerichts versehen sein.*
- ❑ *(5) Antragsformular für das Verbindungsbüro*
- ❑ *(6) falls vorhanden, Broschüre über die Muttergesellschaft*
- ❑ *(7) Vollmacht zur Gründung des Verbindungsbüros von der Muttergesellschaft. Die Vollmacht muss von einem Notar ausgestellt und mit Apostille des Landgerichts versehen sein.*

Sämtliche Kosten des Verbindungsbüros müssen durch eingebrachte Devisen der im Ausland ansässigen Muttergesellschaft gedeckt werden. Die Verbindungsbüros dürfen weder Handel treiben noch Tätigkeiten durchführen, die außerhalb der Genehmigung liegen. Insbesondere dürfen Verbindungsbüros keinen Gewinn erzielen.

Die Genehmigung für ein Verbindungsbüro wird grds. für ein bis drei Jahre mit der Möglichkeit einer Verlängerung erteilt.

Nach Erhalt der Genehmigung müssen dem Generaldirektorat für Förderungsanwendung und ausländisches Kapital noch der Mietvertrag und die Steuernummer vom zuständigen Finanzamt des Verbindungsbüros spätestens innerhalb eines Monats mitgeteilt werden.

6.5 Zivilrecht in der Türkei – die wichtigsten Änderungen und Neuerungen des neuen Schuldrechts

Es gilt das Prinzip der Vertragsfreiheit, d. h., den Parteien steht grds. frei, was sie vereinbart haben wollen.

Das türkische Schuldrecht/Obligationenrecht stammt aus dem Jahr 1926, es wurde hier das schweizerische Obligationenrecht übersetzt und übernommen, ebenso wie das Zivilgesetzbuch und die Zivilprozessordnung.

PRAXISTIPP

Das neue türkische Schuldrecht Nr. 6098 trat am 01.07.2012 in Kraft, es wurden hier Anpassungen auch zum Recht der Europäischen Union vorgenommen. Das Schuldrecht Nr. 818 und das Gesetz über die Miete von unbeweglichen Sachen Nr. 6570 traten damit außer Kraft.

Das neue türkische Schuldrecht ist zum größten Teil inhaltsgleich geblieben, es wurden insbesondere neue Regelungen aufgenommen wie zu allgemeinen Geschäftsbedingungen, Teilzahlungsverträgen oder Änderungen zum Mietrecht.

6.5.1 Allgemeiner Teil – die in den Titeln des ersten Teils enthaltenen Neuerungen

6.5.1.1 Vertragliche Schuldverhältnisse

1. Schriftform und Unterschrift

Eine der Neuerungen des neuen Schuldrechts betrifft die in den §§ 14 und 15 enthaltenen Regelungen bezüglich der Schriftform.

Aus § 14 Abs. 2 folgt, dass durch eine verkehrssichere elektronische Unterschrift bzw. Signatur die Schriftform gewahrt wird. Gleiches gilt, wenn der Erhalt gewährleistet ist, für Faxe und diesen ähnliche Kommunikationsmittel, mittels derer die zu versendenden Dokumente empfangen werden können.

Die Regelung des § 14 Abs. 2 wird durch die in § 15 Abs. 1 neu eingefügte Formulierung, dass „die verkehrssichere elektronische Unterschrift bzw. Signatur die gleiche rechtliche Wirkung wie eine handschriftliche Unterschrift hat", ergänzt und vervollständigt.

2. Allgemeine Geschäftsbedingungen

Eine der wichtigsten Neuerungen des neuen Schuldrechts betrifft die im alten Schuldrecht nicht enthaltenen Vorschriften bezüglich der „allgemeinen Geschäftsbedingungen", die nunmehr in den §§ 20 bis 25 geregelt werden.

Heutzutage benutzt neben Banken, Versicherungsgesellschaften, Reise- und Transportunternehmen, Herstellern und Vertreibern von langlebigen Gebrauchsgütern eine Vielzahl von Unternehmen abstrakte, einseitig gestellte Vertragsbedingungen, die den Vertragspartnern zur Unterzeichnung vorgelegt werden. Auf diese Weise gestalten die Unternehmen eine Vielzahl von zukünftigen rechtlichen Vorgängen gleicher Art. Für diese bereits zuvor vorbereiteten typischen Bedingungen eines Vertrages wird der Ausdruck „allgemeine Geschäftsbedingungen" verwendet.

Bei solchen Vertragsteilen, die nicht frei verhandelt werden, besteht die Gefahr, dass eine Vertragspartei der anderen die Vertragsbedingungen diktiert und die andere Seite nur komplett auf den Vertragsschluss verzichten kann, wenn sie die allgemeinen Geschäftsbedingungen nicht akzeptieren will. Aus diesem Grund besteht bei allgemeinen Geschäftsbedingungen die Notwendigkeit, die Interessen der Gegenseite durch gesetzliche Regelungen zu schützen.

Deshalb wurden die Wirksamkeit der allgemeinen Geschäftsbedingungen, die Rechtsfolgen im Falle der Rechtswidrigkeit, die Auslegung der Bedingungen sowie die zwingend einzuhaltende Weise ihrer Verwendung gesetzlich geregelt.

§ 20 des neuen Schuldrechts enthält die Definition der allgemeinen Geschäftsbedingungen. Demnach werden sie als von einem Verwender

a) für eine Vielzahl zukünftiger Verträge gleicher Art bestimmte und

b) bereits zuvor einseitig vorformulierte Vertragsbestandteile definiert, die der anderen Vertragspartei gestellt werden. Außerdem wurde geregelt, dass es für ihre Qualifizierung als allgemeine Geschäftsbedingungen unerheblich ist, ob sie im Vertragstext selbst oder in einem Zusatz/Anhang enthalten sind.

In § 21 des Gesetzes wurde die Wirksamkeit der allgemeinen Geschäftsbedingungen, die den Interessen der anderen Vertragspartei widersprechen, davon abhängig gemacht, dass der Verwender die andere Vertragspartei während des Vertragsschlusses

a) über die Existenz dieser Bedingung deutlich informiert hat,

b) die Möglichkeit der inhaltlichen Kenntnisnahme gewährleistet war und

c) die andere Vertragspartei diesen Bedingungen zugestimmt hat.

Liegen diese Voraussetzungen nicht vor, sind die Bedingungen unwirksam. Der Vertrag an sich bleibt jedoch – ohne die allgemeinen Geschäftsbedingungen – gemäß § 22 wirksam.

Die Grundsätze zur Auslegung der allgemeinen Geschäftsbedingungen sind in Art. 23 des neuen Schuldrechts geregelt. Ist eine Klausel in den AGB unklar, unverständlich oder mehrdeutig, ist die Klausel zulasten des Verwenders und zugunsten der Gegenseite auszulegen.

Außerdem wurde in § 24 des Gesetzes geregelt, dass dem Verwender nicht die Befugnis eingeräumt werden darf, die allgemeinen Geschäftsbedingungen zu verändern oder neu zu gestalten. Nach § 25 des Gesetzes ist es dem Verwender zudem untersagt, eine für die andere Vertragspartei nachteilige Bedingung entgegen den Grundsätzen von Treu und Glauben aufzunehmen.

6.5.1.2 Schuldverhältnisse aus unerlaubter Handlung

1. Vielzahl der Haftungsgründe

In § 60 des neuen Schuldrechts wird das Vorliegen einer Vielzahl von Haftungsgründen geregelt.

In dieser Regelung ist normiert, dass das Gericht (bzw. der Richter), soweit das Gesetz im Einzelfall nichts anderes bestimmt, den für den Geschädigten günstigsten Haftungsgrund für das Urteil heranziehen muss, wenn die Haftung einer Person aus einer Vielzahl von rechtlichen Gründen hergeleitet werden kann.

2. Gefährdungshaftung und Ausgleich

In § 71 des neuen Schuldrechts werden, im Gegensatz zum alten Schuldrecht, die allgemeinen Grundsätze und Voraussetzungen der Gefährdungshaftung geregelt, die eine Variante der verschuldensunabhängigen Haftung darstellt.

Gemäß Abs. 1 des besagten Paragrafen ist der Unternehmer und – falls vorhanden – der Betreiber für erhebliche Gefahren, die zur Entstehung eines Schadens infolge des Geschäftsbetriebs geführt haben, gesamtschuldnerisch verantwortlich.

Abs. 2 des gleichen Gesetzes enthält die Definition der „erheblichen Gefahr eines Geschäftsbetriebes". Nach dieser Definition versteht man hierunter die im Rahmen des Geschäftsbetriebs verwendeten Stoffe, Apparate oder Mittel, die sogar dann geeignet sind, des Öfteren Schäden bzw. schwere Schäden zu verursachen, wenn sie durch einen Fachmann unter Einhaltung der erforderlichen Sorgfalt genutzt werden.

Gemäß Abs. 4 des gleichen Paragrafen führt die Inbetriebnahme eines zu erheblichen Gefahren geneigten Geschäftsbetriebes selbst dann nicht zu einem Ausschluss der Haftung, wenn die Inbetriebnahme des Betriebs von der Rechtsordnung erlaubt wird. In diesem Fall sind die Geschädigten auch berechtigt, Ausgleich ihrer Schäden geltend zu machen.

3. Verjährungsfrist/unerlaubte Handlung

Der aus zwei Absätzen bestehende § 72 des neuen Schuldrechts behandelt die Verjährungsfristen der aus einer unerlaubten Handlung resultierenden Schadensersatzansprüche und entspricht § 60 des alten Schuldrechts.

Gemäß der besagten Norm ist die Verjährungsfrist für Schadensersatzansprüche aus unerlaubter Handlung, die nach altem Schuldrecht ein Jahr betrug, auf zwei Jahre angehoben worden.

Außerdem ist die im alten Schuldrecht benutzte Formulierung „ab dem schädigenden Ereignis", die von diesem Zeitpunkt an eine zehnjährige Verjährungsfrist vorsah, durch die Formulierung „in jedem Fall ab dem Zeitpunkt der Handlung" ersetzt worden. Diese Neuformulierung soll klarstellen, dass die Verjährungsfrist nicht erst dann zu laufen beginnt, wenn sich die Merkmale der unerlaubten Handlung abzeichnen, egal wie viel Zeit zuvor bereits verstrichen ist.

4. Verjährungsfrist bei Regressforderung

In § 73 des neuen Schuldrechts ist eine Vorschrift bezüglich der „Verjährung von Regressforderungen" eingefügt worden, die im alten Schuldrecht nicht existierte. Somit wurde die Lücke hinsichtlich der Verjährung von Regressansprüchen des zum Schadensersatz Verpflichteten geschlossen, die diesem nach der Begleichung des vollständigen Schadens gegenüber den anderen zum Ersatz Verpflichteten zustehen.

Gemäß dem ersten Absatz des genannten Paragrafen beträgt die Verjährung der Regressansprüche zwei Jahre ab vollständiger Begleichung des Schadens sowie der Kenntnis über die anderen haftenden Personen. Die absolute Verjährungsfrist beträgt zehn Jahre ab dem Zeitpunkt der vollständigen Begleichung des Schadens.

Im zweiten Absatz wird klargestellt, dass der zum Schadensersatz in Anspruch Genommene verpflichtet ist, diesen Umstand den mithaftenden Personen mitzuteilen. Unterbleibt diese Mitteilung, fängt die Verjährung des Regressanspruchs nach dem Grundsatz von Treu und Glauben bereits ab dem Zeitpunkt zu laufen an, zu dem diese Mitteilung hätte erfolgen können. In diesem Fall fängt die Verjährungsfrist also nicht, wie in Abs. 1 vorgesehen, mit der vollständigen Begleichung des Schadens an zu laufen, sondern bereits mit dem Zeitpunkt, zu dem die Mitteilung an die mithaftenden Personen hätte erfolgen müssen.

5. Vorläufige Zahlungen

Gemäß der neu eingefügten Regelung des § 76 des neuen Schuldrechts ist bei Schadensersatzklagen die Möglichkeit eröffnet worden, noch vor Abschluss des Verfahrens vorläufige Zahlungen an den Geschädigten anzuordnen.

Gemäß des ersten Absatzes dieser Norm kann das Gericht den Beklagten verpflichten, an den Geschädigten vorläufige Zahlungen zu leisten, wenn dieser glaubhafte Beweismittel vorgelegt hat, die seine Klage begründet erscheinen lassen, und die finanzielle Lage des Geschädigten dies erfordert.

Im zweiten Absatz der Norm wird geregelt, dass die vorläufigen Zahlungen im Fall eines endgültigen Urteils auf den Schadensersatz angerechnet werden; im Fall der Klageabweisung müssen die vorläufigen Zahlungen zusammen mit den gesetzlichen Zinsen zurückerstattet werden.

Wie bereits in der Begründung der Norm angedeutet, ist das Ziel dieser Regelung der Schutz derjenigen Geschädigten, die dem Gericht glaubhafte Beweise bezüglich ihrer Ansprüche vorgelegt haben und denen keine sozialen Sicherheitsleistungen zur Verfügung stehen, die im Einzelfall aber auf finanzielle Unterstützung angewiesen sind, um den ihnen zugefügten Schaden schnellstmöglich zu beseitigen.

6.5.1.3 Erfüllung der Schulden

1. Zinsen und Verzugszinsen

Die im neuen Schuldrecht unter der Überschrift „Zinsen" in § 88 und unter der Überschrift „Verzugszinsen" in § 120 enthaltenen neuen Regelungen waren nicht Bestandteil des alten Schuldrechts. Nach diesen neuen Vorschriften werden die Sätze der Zinsen und Verzugszinsen nach den zum Zeitpunkt der Entstehung der Zinsschuld geltenden gesetzlichen Regelsätzen bestimmt, soweit die Zinssätze nicht vertraglich durch die Vertragsparteien vereinbart wurden.

Außerdem wurde eine Begrenzung der vertraglich wirksam zu vereinbarenden Zinssätze vorgenommen, um den außerordentlich hohen Zins- und Verzugssätzen in der Praxis entgegenzutreten. Demnach dürfen

a) der vertraglich vereinbarte Zinssatz die gültigen gesetzlichen Regelsätze für Zinsen jährlich nicht um 50 % und

b) die vertraglich vereinbarten Verzugszinssätze die gültigen gesetzlichen Regelsätze für Verzugszinsen jährlich nicht um 100 % überschreiten.

2. Dauerschuldverhältnisse

Obwohl in dem alten Schuldrecht nur die Einmalschuldverhältnisse und ihre Rechtsfolgen geregelt wurden, wurden in dem neuen Schuldrecht auch die Dauerschuldverhältnisse abgefasst.

Verzug des Schuldners eines Dauerschuldverhältnisses wurde zum ersten Mal in § 126 des neuen Schuldrechts geregelt. In diesem Rahmen kann der Gläubiger bei dem Verzug des Schuldners eines bereits in Gang gesetzten Schuldverhältnisses entweder die Erfüllung und Schadensersatz wegen Verspätung verlangen oder den Vertrag kündigen und Schaden wegen vorzeitiger Beendigung des Vertrages in Anspruch nehmen.

6.5.1.4 Das Erlöschen der Schulden

1. Erlass

Das neue Schuldrecht regelt in § 132 den Erlassvertrag.

Obwohl dieser im alten Schuldrecht nicht geregelt wurde, war sowohl in der Lehre als auch in der Rechtsprechung eindeutig anerkannt, dass eine Schuld durch einen solchen Erlassvertrag erlischt. Durch das Einfügen der Regelungen über den Erlassvertrag in das neue Schuldrecht wurde somit eine systematische Lücke geschlossen.

2. Teilunmöglichkeit

Während in § 117 des alten Schuldrechts lediglich die vollständige Unmöglichkeit geregelt war, wird nunmehr in § 137 des neuen Schuldrechts auch die teilweise Unmöglichkeit geregelt.

Gemäß § 117 Abs. 1 Satz 1 wird der Schuldner, soweit ihm die Leistung unverschuldet teilweise unmöglich wird, von der Leistungspflicht hinsichtlich dieses unmöglich gewordenen Teils befreit. Jedoch sieht der zweite Satz eine Ausnahme von dieser Regel vor, wonach die gesamte Schuld erlischt, wenn es offensichtlich ist, dass die Beteiligten bei vorheriger Kenntnis der Teilunmöglichkeit von einem solchen Vertrag insgesamt Abstand genommen hätten.

In Abs. 2 wurde die teilweise Unmöglichkeit von gegenseitig verpflichtenden Schuldverhältnissen geregelt. Im Fall einer teilweisen Unmöglichkeit der Leistung und Vorliegen der Zustimmung des Gläubigers zur Teilleistung des übrigen (möglichen) Teils ist der Gläubiger auch verpflichtet, seine Leistung dementsprechend im gleichen Umfang zu erbringen. Wenn der Gläubiger mit einer Teilleistung nicht einverstanden ist oder die Gegenleistung dem Wesen nach nicht teilbar ist, kommen die Vorschriften der vollständigen Unmöglichkeit zur Anwendung.

3. Unverhältnismäßige Leistungspflicht

Die in § 138 des neuen Schuldrechts geregelte „unverhältnismäßige Leistungspflicht" wurde erstmals durch eine ausdrückliche Regelung normiert.

Wie in den Erwägungsgründen der Norm hervorgehoben wird, beruht die Regelung der „unverhältnismäßigen Leistungspflicht" auf dem Grundsatz von Treu und Glauben, der seine Grundlage in § 2 des Zivilgesetzes hat. Als Teil des „Wegfalls der Geschäftsgrundlage" ist diese Regelung eine Ausnahme vom Grundsatz *pacta sunt servanda* (Verträge sind einzuhalten).

Unter den Voraussetzungen von § 138 des neuen Schuldrechts kann der Schuldner bei Vorliegen bestimmter neuer Umstände verlangen, dass der Vertrag den neuen Bedingungen angepasst wird. In Fällen, in denen eine Vertragsanpassung nicht möglich ist, steht ihm ein Rücktrittsrecht zu. Jedoch ist die Wahrnehmung der genannten Rechte durch den Schuldner von dem gleichzeitigen Vorliegen dieser vier Bedingungen abhängig:

a) Nach dem Vertragsschluss muss eine außergewöhnliche Situation entstanden sein, die im Zeitpunkt des Vertragsschlusses von den Beteiligten nicht vorauszusehen war und deren Voraussehen auch nicht erwartet wurde;

b) diese Umstände dürfen nicht vom Schuldner verursacht worden sein;

c) die Umstände müssen sich im Vergleich zu den Tatsachen, die bei Vertragsschluss vorgelegen haben, derart geändert haben, dass die Vertragsdurchführung durch den Schuldner gegen den Grundsatz von Treu und Glauben verstoßen würde;

d) der Schuldner darf die geschuldete Leistung entweder noch nicht erbracht haben oder muss sich die aus der unverhältnismäßigen Leistungspflicht herrührenden Rechte bei der Leistung vorbehalten haben.

6.5.1.5 Schuldbeitritt, Vertragsübernahme, Beitritt zum Vertrag

Obwohl der Schuldbeitritt, die Vertragsübernahme und der Beitritt zum Vertrag rechtliche Konstruktionen sind, denen man in der Praxis regelmäßig begegnet, sind diese nun erstmalig im Schuldrecht niedergeschrieben worden. In diesem Zusammenhang wurden der Schuldbeitritt in § 201, die Vertragsübernahme in § 205 und der Beitritt zum Vertrag in § 206 des Gesetzes geregelt.

Gemäß § 201 des Gesetzes tritt der Beitretende – neben dem Schuldner – einer bereits bestehenden Schuld bei. Lediglich bei einer Schuldübernahme wird der alte Schuldner von der Schuld befreit und an dessen Stelle der Übernehmende der neue Schuldner. Beim Schuldbeitritt wird der Schuldner hingegen nicht von der Schuld befreit, er bleibt zusammen mit dem Beitretenden weiterhin gesamtschuldnerisch verantwortlich.

Bei der Vertragsübernahme werden hingegen die übertragbaren Rechte und Pflichten des Vertrages an einen Dritten übertragen. Der zu diesem Zweck abgeschlossene Übertragungsvertrag zwischen dem Übernehmenden und dem Übertragenden und der in dem Vertrag verbleibenden Partei ist als ein dreiseitiger Vertrag zu qualifizieren. Ein Vertrag, der nur zwischen Übernehmenden und Übertragenden abgeschlossen wurde, ist nur dann wirksam, wenn die im Vertrag verbleibende Partei die Vertragsübernahme vorher erlaubt hat oder sie nachträglich genehmigt.

Gemäß dem in § 206 des neuen Schuldrechts geregelten Beitritt zum Vertrag tritt der Beitretende neben eine der Vertragsparteien in einen bereits bestehenden Vertrag ein und trägt neben dieser Partei die ihr zustehenden Rechte und die ihr obliegenden Pflichten. Außerdem werden der Beitretende und derjenige, an dessen Seite er dem Vertrag beigetreten ist, gegenüber der anderen Vertragspartei zu Gesamtgläubigern bzw. Gesamtschuldnern, soweit vertraglich nichts anderes vereinbart wurde. Auch der Beitritt zu einem Vertrag ist, wie die Vertragsübernahme, als dreiseitiger Vertrag zwischen den Vertragsparteien und dem Beitretenden zu qualifizieren.

6.5.2 Besonderer Teil – die in den Titeln des zweiten Teils enthaltenen Neuerungen

6.5.2.1 Kaufvertrag

1. Gefahrübergang

Nach altem Schuldrecht ging die Gefahr für Verschlechterung oder Verlust des Kaufgegenstandes bei einer Stückschuld i. d. R. mit Abschluss des Vertrages auf den Käufer über. Jedoch wurde es als ungerecht angesehen und in der Lehre zurecht kritisiert, dass im türkischen und schweizerischen Schuldrecht der Käufer folglich auch dann einen Schaden an einem Kaufgegenstand tragen musste und zur Zahlung des Verkaufspreises verpflichtet war, wenn er noch gar nicht Eigentümer einer Sache geworden war. Denn das Eigentum an einem Kaufgegenstand geht erst durch Besitzübertragung oder Eintragung/Beglaubigung auf den Käufer über. Deshalb wurde im neuen Schuldrecht der Grundsatz eingeführt, dass der Verkäufer bei Kaufverträgen die Gefahr für Verschlechterung und Verlust der Kaufsache bis zur Besitzübertragung und bei unbeweglichen Sachen bis zur Eintragung/Beglaubigung trägt.

In Abs. 2 der gleichen Norm wurde zudem eine Regelung eingefügt, die einer Vorschrift des deutschen Zivilrechts ähnelt. Hiernach geht die Gefahr bei beweglichen Sachen auch dann auf den Käufer über, wenn dieser sich mit der Annahme der Leistung, also der Entgegennahme der Kaufsache, im Verzug befindet.

Eine weitere Vorschrift, die es im alten Schuldrecht nicht gegeben hat, wurde in Abs. 3 der betreffenden Norm eingefügt. Gemäß dieser Vorschrift geht die Gefahr erst mit Übergabe des Gegenstandes an den Käufer auf diesen über, wenn der Verkäufer den Kaufgegenstand auf Wunsch des Käufers an einen anderen Ort als den Erfüllungsort versendet.

2. Haftung bei mangelhafter Leistung

Vereinbarung über einen Haftungsausschluss

Im neuen Schuldrecht wurde geregelt, dass jede Vereinbarung, die die Haftung für die Mangelhaftigkeit einer Kaufsache ausschließt oder begrenzt, unwirksam ist, wenn der Verkäufer mindestens grob fahrlässig einen mangelhaften Gegenstand übereignet hat. Als einzige Änderung zur alten Regelung wurde die Formulierung „durch arglistige Täuschung" durch die Formulierung „durch grobe Fahrlässigkeit" ersetzt. Grobe Fahrlässigkeit umfasst allerdings auch Vorsatz und somit auch die arglistige Täuschung sowie grobes Verschulden.

Mitteilung des Mangels an den Verkäufer

In § 223 des neuen Schuldrechts, der unter der Überschrift „Überprüfung und Mitteilung an den Verkäufer" steht, wurde die Formulierung des alten Gesetzes „dass bei einfachen Mängeln eine hierauf bezogene Mitteilung unverzüglich erfolgen muss" durch die Formulierung „dass bei einfachen Mängeln eine hierauf bezogene Mitteilung in einer angemessenen Zeit erfolgen muss" ersetzt. Dieser neue Wortlaut der Regelung entspricht besser den Interessen des Käufers, dem eine mangelhafte Sache übergeben wurde. Aus der neuen Vorschrift folgt somit, dass eine Meldung bei einfachen Mängeln nach Abs. 1 „in einer angemessenen Zeit", eine Meldung bei versteckten Mängeln hingegen nach Abs. 2 „sofort" nach Kenntnis erfolgen muss.

Grob fahrlässiges Verschulden des Verkäufers

In § 225 des neuen Schuldrechts wurde ein die „Wirkungen des grob fahrlässigen Verschuldens des Verkäufers" regelnder neuer Absatz eingefügt. Nach diesem neuen Absatz wird ein gewerblicher Verkäufer bei Mängeln, die ihm bekannt sein müssen, selbst dann nicht von der Haftung frei, wenn er vorträgt, dass der Käufer ihm einen solchen Mangel nicht fristgemäß mitgeteilt hat. Außerdem wird durch die Verwendung der Formulierung „bekannt sein müssen" jedes Versäumnis von gewerblichen Verkäufern erfasst.

Wahlrechte des Käufers bei Mängeln

§ 227 des neuen Schuldrechts regelt die „Wahlrechte des Käufers". Durch diese Norm wurde, zusätzlich zu den bereits im alten Schuldrecht bestehenden Rechten, ein viertes Wahlrecht eingeführt. Dieses vierte Wahlrecht gibt dem Käufer einen Anspruch auf Nachbesserung des Veräußerungsgegenstandes, soweit hierfür nicht ein übermäßiger Kostenaufwand erforderlich ist. In diesem Rahmen sind auch sämtliche Nachbesserungskosten vom Verkäufer zu tragen. Während im alten Schuldrecht die Wahlrechte des Käufers im Widerruf bzw. der Kündigung des Vertrages (anstelle des im alten Schuldrecht falsch verwendeten Begriffs „Kündigung" wird im neuen Schuldrecht der Begriff „Widerruf/Rücktritt" verwendet), der Minderung des Kaufpreises und dem Austausch mit einer mangelfreien Sache bestanden, ist diesen Rechten im neuen Schuldrecht das Recht auf Nachbesserung hinzugefügt worden.

Obwohl es hierzu im alten Schuldrecht keine ausdrückliche Regelung gab, war es in der Rechtsprechung und Lehre anerkannt, dass der Käufer für alle Schäden, die aus der Übergabe der mangelhaften Sache resultierten, Schadensersatz verlangen konnte, und zwar unabhängig davon, welches Wahlrecht er ausgeübt hatte. Im neuen Schuldrecht wurde nunmehr auch in Abs. 2 des § 227 eine entsprechende Regelung aufgenommen und somit die Lücke im Gesetz geschlossen.

Nach § 227 Abs. 3 kann den Verkäufer die Ausübung des Wahlrechts nach Abs. 1 durch den Käufer jedoch abwenden, indem er eine mangelfreie Sache liefert und einen ggf. eingetretenen Schaden beseitigt. Im Unterschied zum alten Schuldrecht ist diese Abwendungsmöglichkeit nunmehr unabhängig davon, „ob der Verkaufsgegenstand von einem anderen Ort als dem Erfüllungsort geliefert wurde".

Entspricht der Wert des mangelhaften Gegenstandes in etwa dem Kaufpreis, kann der Käufer nach dem letzten Absatz der Norm, im Unterschied zum alten Schuldrecht, nur vom Vertrag zurücktreten oder den Austausch mit einer mangelfreien Sache gleicher Art verlangen.

Verjährung bei mangelhaften Sachen

Nach altem Schuldrecht betrug die Verjährungsfrist für Ansprüche im Rahmen der Mängelhaftung ein Jahr. Diese Frist wurde im neuen Schuldrecht unter Beachtung des Gesetzes zur Wahrung der Verbraucherrechte mit der Nummer 4077 auf zwei Jahre verlängert.

3. Teilzahlungs-/Ratenzahlungsverkäufe

Durch das neue Schuldrecht wurden in den §§ 247 bis 281 neue Regelungen für „bestimmte Verkaufsarten" in das Gesetz eingefügt. Diese stehen unter den Unterüberschriften „Musterverkäufe", „Verkauf unter Abnahmevorbehalt", „Teilzahlungsverkäufe" und „Verkauf im Wege der öffentlichen Versteigerung".

Mit Ausnahme der Regelungen über „Teilzahlungsverkäufe" wurden die bereits vorhandenen Regelungen des alten Schuldrechts dabei lediglich konkretisiert. Nur der Abschnitt über „Teilzahlungsverkäufe" ist ausführlich und detailliert neu geregelt worden.

„Teilzahlungsverkäufe" sind im neuen Schuldrecht unter den Überschriften „Ratenzahlungsverkäufe" und „Ratenzahlungsverkauf mit Vorkasse" geregelt. In diesem Zusammenhang wird der Ratenzahlungsverkauf definiert als ein Verkaufsgeschäft, bei dem sich der Verkäufer verpflichtet, dem Käufer die bewegliche Sache noch vor Zahlung des Kaufpreises auszuhändigen, und sich der Käufer verpflichtet, den Kaufpreis in Teilen zu zahlen. Der Ratenzahlungsverkauf mit Vorkasse wird hingegen als ein Vertrag definiert, bei dem sich der Käufer verpflichtet, den Kaufpreis einer beweglichen Sache in Teilen im Voraus zu bezahlen, und sich der Verkäufer verpflichtet, dem Käufer nach Zahlung des gesamten Kaufpreises den Verkaufsgegenstand zu übereignen.

Schriftformerfordernis

Nach dem neuen Schuldrecht sind sämtliche Ratenzahlungsverträge nur dann wirksam, wenn die Schriftform eingehalten wurde. Dies gilt unabhängig davon, ob der Verkäufer gewerblich gehandelt hat.

Zustimmung des gesetzlichen Vertreters

Wurde der Ratenzahlungsvertrag durch eine minderjährige oder beschränkt geschäftsfähige Person abgeschlossen, ist die Wirksamkeit des Ratenzahlungsvertrages davon abhängig, dass deren gesetzlicher Vertreter bis spätestens zum Abschluss des Vertrages seine schriftliche Genehmigung/Zustimmung hierzu erteilt hat. Aus diesem Grund kann der gesetzliche Vertreter, im Unterschied zu den allgemeinen Bestimmungen, einen solchen Vertrag nicht im Nachhinein genehmigen. Mit anderen Worten: Es besteht keine Möglichkeit, dem Vertrag durch eine nachträgliche Genehmigung zur Wirksamkeit zu verhelfen.

Regelungswirkung des Vertrages

Während nach § 255 des neuen Schuldrechts die Regelungen eines Ratenzahlungsvertrages gegenüber dem Verkäufer bereits mit Abschluss des Vertrages wirksam werden, wird der Käufer durch den unterschriebenen Vertrag erst sieben Tage nach Aushändigung eines Exemplars an ihn rechtlich gebunden. Innerhalb dieser siebentägigen Frist kann der Käufer seine Willenserklärung auf Abschluss des Vertrages widerrufen, ohne schadensersatzpflichtig zu werden. Jedoch ist der Käufer verpflichtet, dem Verkäufer seinen Widerruf schriftlich mitzuteilen.

Intervention des Gerichts

Befindet sich der Käufer im Verzug, kann das Gericht gemäß § 261 des neuen Schuldrechts dem Käufer Zahlungserleichterungen gewähren, wenn dieser eine Sicherheit hinsichtlich der Zahlung seiner Schulden anbietet und der Verkäufer dadurch keine Nachteile befürchten muss.

Zuständiges Gericht und Schiedsverfahren

Ein Käufer, der Partei eines Teilzahlungskaufvertrages ist und der seinen ständigen Wohnsitz in der Türkei hat, kann keinen Schiedsvertrag abschließen. Ebenso kann er nicht im Voraus auf die Zuständigkeit des Gerichts seines Wohnsitzes verzichten.

6.5.2.2 Mietvertrag

Der Mietvertrag ist im neuen Schuldrecht im vierten Teil in den §§ 299 bis 378 geregelt. Im ersten Abschnitt dieses Teils werden die „allgemeinen Regelungen", im zweiten Abschnitt die „Mietverhältnisse über Wohnraum und überdachte Arbeitsstätten" und im dritten Abschnitt die „Pachtverträge" geregelt.

Im Prinzip wurden durch die Gesetzesreform die neben den Vorschriften des alten Schuldrechts über Mietverhältnisse regelmäßig zur Anwendung kommenden Regelungen des Gesetzes mit der Nummer 6570 über Grundstücksmieten in das neue Schuldrecht eingegliedert. Aus diesem Grund wird das Gesetz mit der Nummer 6570 auch zur gleichen Zeit wie das alte Schuldrecht außer Kraft treten.

1. Allgemeine Regelungen

Mietdauer

§ 300 des neuen Schuldrechts beinhaltet eine neue Regelung bezüglich der „Mietdauer". Der Mietvertrag kann für eine bestimmte oder eine unbestimmte Zeit geschlossen werden; Mietverträge, die, ohne dass es einer weiteren Kündigung bedarf, allein aufgrund des Ablaufs einer bestimmten Frist enden, sind befristete Mietverträge. Alle anderen Mietverträge werden hingegen als unbefristet qualifiziert.

Steuern und ähnliche Verpflichtungen

Die Regelung des § 258 des alten Schuldrechts findet sich im neuen Schuldrecht in klarerer und deutlicherer Form in § 301 wieder. Gemäß der besagten Regelung hat der Vermieter die im Zusammenhang mit der Anmietung anfallende Pflichtversicherung, die anfallenden Steuern und ähnliche Verpflichtungen zu tragen. Jedoch kann dies im Vertrag anders geregelt werden, da die hiermit im Zusammenhang stehende Norm nicht zwingender Natur ist.

Wechsel des Vermieters

Der Vermieterwechsel ist in § 310 des neuen Schuldrechts geregelt. Hier wurden, im Unterschied zum alten Schuldrecht, die Regelungen eingeführt, dass der Mieter seine

Mieterrechte auch gegenüber dem neuen Eigentümer geltend machen kann und dass der neue Eigentümer ab dem Zeitpunkt, in dem der Erwerb abgeschlossen ist, Partei des Mietvertrages ist.

Obwohl der neue Eigentümer nunmehr also von Gesetzes wegen ohnehin an den Mietvertrag gebunden ist, wurde die Möglichkeit, den Mietvertrag im Grundbuch vorzumerken, nicht abgeschafft. Hierbei ist zu beachten, dass die Vormerkung des Mietvertrages im Grundbuch dem Mieter Schutz bietet, dass der Vermieter den Mietvertrag wegen Neuerrichtung, Eigenbedarf oder durch einen anderen im Gesetz geregelten Grund beendet.

Verzug des Mieters

Gemäß der neuen Regelung in § 315 des neuen Schuldrechts kann der Vermieter in den Fällen, in denen der Mieter nach Übernahme des Mietgegenstandes den Mietzins oder die Nebenkosten nicht zahlt, diesem schriftlich eine Frist zur Begleichung dieser Forderungen setzen. Erfolgt die Zahlung nicht innerhalb dieser Frist, ist der Vermieter berechtigt, den Vertrag zu kündigen. Hier wurde im Unterschied zum alten Schuldrecht die Bedingung eingeführt, dass die vorzunehmende Fristsetzung, die Kündigung sowie alle weiteren Mitteilungen in diesem Zusammenhang schriftlich zu erfolgen haben.

Im zweiten Absatz der Norm ist die Mindestdauer für die seitens des Vermieters zu setzenden Fristen geregelt. Hiernach betragen die Fristen im Unterschied zum alten Schuldrecht, „die dem Mieter gesetzt werden, mindestens zehn Tage, bei der Miete von Wohnungen oder überdachten Arbeitsstätten mindestens dreißig Tage. Diese Frist fängt am Tag nach dem Empfang der schriftlichen Mitteilung zu laufen an."

Daraus ergibt sich, dass die Unterscheidung zwischen dem Verzug der Zahlung des Mietzinses und dem Verzug der Zahlung der Nebenkosten aufgehoben wurde. An beide Verzugsarten ist nunmehr die gleiche Rechtsfolge geknüpft.

Übertragung des Mietverhältnisses

Die in § 259 des alten Schuldrechts lediglich genannte, jedoch nicht ausführlich geregelte „Übertragung des Mietverhältnisses" wird nunmehr in § 323 des neuen Schuldrechts in einem gesonderten Paragrafen behandelt.

Gemäß dieser Norm ist die Übertragung des Mietverhältnisses vom alten Mieter auf einen neuen von der schriftlichen Erlaubnis/Genehmigung des Vermieters abhängig; jedoch ist anerkannt, dass der Vermieter im Falle einer gewerblichen Vermietung diese Erlaubnis/Genehmigung nicht ohne wichtigen Grund verweigern darf.

Durch die Übertragung des Mietverhältnisses wird die Partei des Mieters in dem Mietvertrag ausgewechselt. Zudem wird der übertragende Mieter von seinen Verbindlichkeiten gegenüber dem Vermieter befreit. Der Übernehmende hingegen tritt anstelle des Übertragenden in den Mietvertrag ein und wird gegenüber dem Vermieter haftbar/verantwortlich. Lediglich bei der Übertragung von Mietverträgen über Gewerberäume bleibt der übertragende Mieter bis zur Beendigung des Mietvertrages weiterhin gemeinschaftlich mit dem Übernehmenden verantwortlich, höchstens jedoch für einen Zeitraum von zwei Jahren.

Rückgabe des Mietgegenstandes vor Beendigung des Mietvertrages

Nach § 325 des neuen Schuldrechts kann der Mieter ohne Beachtung der vertraglichen Laufzeit und der Kündigungsfrist den Mietgegenstand zurückgeben. Jedoch bleibt der Mieter in einem solchen Fall für die aus dem Mietvertrag folgenden Verbindlichkeiten verantwortlich. Diese Verantwortlichkeit besteht für eine angemessene Zeit fort, in der der Mietgegenstand anderweitig hätte vermietet werden können.

Der Mieter kann diese fortdauernde Verantwortlichkeit jedoch abwenden, indem er dem Vermieter einen neuen zahlungsfähigen Mieter präsentiert, der bereit ist, das Mietverhältnis zu übernehmen.

Auf diese Weise wurde die ständige Rechtsprechung des Kassationsgerichtshofes, nach der für die „angemessene Zeit, in der der Mietgegenstand in einer ähnlichen Situation hätte vermietet werden können", von dem Mieter ein Schadensersatz verlangt werden kann, in das Gesetz aufgenommen.

Beendigung der Vertragslaufzeit

Im ersten Absatz des § 327 des neuen Schuldrechts ist die mit dem Ablauf der vertraglichen Laufzeit der Miete eintretende Beendigung des Vertrages geregelt.

Soweit im Mietvertrag eine Laufzeit ausdrücklich oder konkludent bestimmt wurde, endet der Mietvertrag automatisch mit Ablauf dieser Frist. Jedoch wandelt sich dieser befristete in einen unbefristet laufenden Mietvertrag um, wenn die Parteien den Vertrag ohne eine ausdrückliche (neue) Befristung fortführen.

Kündigung unbefristeter Mietverträge

Die Kündigung unbefristeter Mietverträge ist für unbewegliche und bewegliche Bauwerke in § 329 des neuen Schuldrechts und für bewegliche Sachen in § 330 geregelt.

Jede Vertragspartei kann einen Mietvertrag über ein unbewegliches oder bewegliches Bauwerk nach einer den örtlichen Gepflogenheiten entsprechenden Frist zur Beendigung ordentlich kündigen. Besteht eine solche Gepflogenheit nicht, kann zum Ende einer sechsmonatigen Mietperiode unter Einhaltung einer dreimonatigen Frist ordentlich gekündigt werden.

Ein hinsichtlich einer beweglichen Sache abgeschlossener Mietvertrag kann durch die Vertragsparteien jederzeit unter Einhaltung einer dreitägigen Frist gekündigt werden. Auch in diesem Fall muss die Kündigung schriftlich erfolgen. Hat der Vermieter hingegen den Mietgegenstand im Rahmen seiner beruflichen Tätigkeit vermietet und hat der Mieter diesen Gegenstand zum Zwecke der privaten Nutzung angemietet, kann der Mieter den Mietvertrag zum Ende einer dreimonatigen Mietperiode unter Einhaltung einer einmonatigen Frist kündigen.

Kontrolle des Mietgegenstandes nach erfolgter Rückgabe

In § 335 des neuen Schuldrechts befindet sich eine neue Regelung, die die Überschrift „Kontrolle des Mietgegenstandes und Mitteilung an den Mieter" trägt.

Der Zweck dieser Norm besteht darin, Streitigkeiten zwischen dem Mieter und dem Vermieter zu verhindern, die nach der Rückgabe des Mietgegenstandes entstehen können. Der Vermieter ist verpflichtet, den Mietgegenstand nach dessen Rückgabe zu kontrollieren und den Mieter umgehend schriftlich zu informieren, wenn ein von diesem zu verantwortender Mangel oder Fehler vorliegt. Unterlässt der Vermieter diese Mitteilung, wird der Mieter von jeglicher Haftung/Verantwortlichkeit frei. Allerdings bleibt der Mieter für Mängel oder Fehler verantwortlich, die während der ordentlichen Untersuchung des Mietgegenstandes nach dessen Rückgabe nicht erkannt werden konnten. Der Vermieter ist aber verpflichtet, dem Mieter solche Mängel oder Fehler unverzüglich nach deren Entdeckung zu melden. Auch das Unterlassen einer solchen Mitteilung führt dazu, dass der Mieter von jeglicher Haftung/Verantwortlichkeit frei wird.

2. Miete von Wohnungen oder überdachten Arbeitsstätten

Anwendungsbereich

Die Miete von Wohnungen oder überdachten Arbeitsstätten wurde im neuen Schuldrecht in einem gesonderten Teil geregelt, da diese Mietverhältnisse besonders praxisrelevant sind und der Mieter in diesen Fällen besonders schutzbedürftig ist. Der Anwendungsbereich dieses gesonderten Teils ist in § 339 definiert.

Im Unterschied zu § 1 des Gesetzes über Grundstücksmieten mit der Nummer 6570 sind die §§ 339 ff. des neuen Schuldrechts auf alle Wohnungen und überdachten Arbeitsstätten anwendbar, unabhängig davon, in welcher Gegend sich der Mietgegenstand befindet. Außerdem regelt dieser neue Teil des Schuldrechts nicht nur den Mietvertrag an sich, sondern auch die Nutzung der dem Mieter überlassenen Sachen.

Im Gegensatz zum Gesetz mit der Nummer 6570 sind die §§ 339 ff. des neuen Schuldrechts aber nicht auf unbewegliche Sachen anwendbar, die wegen ihrer spezifischen Art nur für eine vorübergehende Anmietung von bis zu sechs Monaten bestimmt sind.

Nutzungsaufwendungen

Nach § 341 des neuen Schuldrechts hat der Mieter von Wohnungen oder überdachten Arbeitsstätten die Kosten für Heizung, Beleuchtung, Wasserversorgung und sonstige Nutzungsaufwendungen zu tragen, soweit vertraglich nichts anderes vereinbart wurde. Der Vermieter hat hingegen gemäß § 303 des neuen Schuldrechts die Kosten für das Anstreichen des Mietgegenstandes, die Reparaturen/Instandhaltungsarbeiten am Dach und ähnliche Nebenaufwendungen zu tragen, soweit diese Arbeiten erforderlich sind, um den Mietgegenstand in einem zum vertragsgemäßen Gebrauch geeigneten Zustand zu erhalten.

Gewähren einer Sicherheit durch den Mieter

In § 342 des neuen Schuldrechts wird die Gewährung einer Sicherheit durch den Mieter im Rahmen von Mietverhältnissen über Wohnungen und überdachte Arbeitsstätten geregelt.

Die besagte Regelung erfasst sowohl die durch einen Mieter gezahlten Kautionen als auch die unter anderer Bezeichnung gezahlten Sicherheitsleistungen. Diese Vorschrift räumt dem Vermieter also das Recht ein, vom Mieter bei Abschluss eines Mietvertrages eine Sicherheit zu verlangen. Zudem regelt diese Norm auch die Grenzen dieser Sicherheitsleistung.

Nach dieser Regelung darf die Sicherheitsleistung die Summe von drei Monatsmieten nicht überschreiten. Wird die Sicherheit als Geldleistung gewährt, hat der Mieter diese auf ein Sparkonto einzuzahlen, von welchem er ohne Zustimmung des Vermieters keine Abhebungen tätigen darf. Wird die Sicherheit hingegen in Form von Wertpapieren geleistet, sind diese bei einer Bank zu deponieren. Die Bank darf die Sicherheitsleistung nur mit Zustimmung beider Parteien, infolge eines rechtskräftigen Vollstreckungsbescheids oder infolge eines rechtskräftigen Gerichtsurteils herausgeben. Teilt der Vermieter der Bank nicht innerhalb von drei Monaten nach Beendigung des Mietverhältnisses schriftlich mit, dass ein gerichtliches Verfahren oder ein Vollstreckungsverfahren eröffnet wurde, ist die Bank verpflichtet, dem Mieter auf dessen Verlangen hin die Sicherheitsleistung herauszugeben.

Festsetzung des Mietzinses

In § 344 des neuen Schuldrechts ist die Festsetzung des Mietzinses für den Fall geregelt, dass ein Mietvertrag nach dessen Beendigung fortgeführt werden soll. Auf diese Weise wurde die Gesetzeslücke geschlossen, die aufgrund der Aufhebung der §§ 2 und 3 des Gesetzes mit der Nummer 6570 durch das Verfassungsgericht entstanden war.

Nach dieser Regelung darf die Steigerungsrate für den neuen Mietzins im Vergleich zum Mietzins der vorangegangenen Mietperiode die „Steigerungsrate des Erzeugerpreiseindex" (ÜFE) nicht überschreiten. Eine davon abweichende vertragliche Vereinbarung der Parteien ist unwirksam. Haben die Parteien für die neue Mietperiode keinen neuen Mietzins festgelegt, kann das Gericht den Mietzins nach Billigkeitserwägungen festsetzen. Allerdings darf auch in diesem Fall die Steigerungsrate des Erzeugerpreiseindex nicht überschritten werden.

Besteht ein Mietverhältnis länger als fünf Jahre oder soll ein nach fünf Jahren Dauer verlängertes Mietverhältnis fortgeführt werden, kann das Gericht auf Wunsch des Vermieters jeweils nach fünf Jahren einen neuen Mietzins unter Beachtung von Vergleichsmieten festsetzen. In diesen Fällen dient also nicht mehr die Steigerungsrate des Erzeugerpreiseindex als Obergrenze für die Steigerungsrate des Mietzinses.

Soweit der Mietzins vertraglich in einer Fremdwährung vereinbart wurde, kann der Mietzins erst nach Ablauf von fünf Jahren verändert werden. Ab diesem Zeitpunkt kann der Mietzins dann unter Beachtung der Wechselkursänderung und von Vergleichsmieten neu festgesetzt werden.

Kündigung des Mietverhältnisses

Wie schon in § 11 des Gesetzes mit der Nummer 6570 festgelegt, kann der Mieter bei befristeten Mietverträgen auch nach dem neuen Schuldrecht den Mietvertrag bis 15 Tage vor Ablauf des Mietvertrages kündigen (§ 347 des neuen Schuldrechts). Maßgeblicher Zeitpunkt für die Wahrung der Frist ist der Empfang der Kündigung durch den Mieter. Erfolgt keine Kündigung, verlängert sich der Vertrag zu den gleichen Bedingungen um ein weiteres Jahr.

Der Vermieter ist hingegen nicht berechtigt, einen befristeten Mietvertrag wegen Ablaufens der Frist zu kündigen. Im Unterschied zum Gesetz mit der Nummer 6570 kann der Vermieter nunmehr aber nach dem neuen Schuldrecht mit Ablauf einer zehnjährigen Verlängerungsfrist des Mietvertrages diesen, ohne Angabe von Gründen und ohne einen Ausgleich/Ersatz zahlen zu müssen, einseitig kündigen.

Auch bei unbefristeten Mietverträgen kann nach § 347 Abs. 2 nur der Mieter den Vertrag nach § 329 des neuen Schuldrechts beenden, wie oben bereits erläutert wurde. Demgegenüber ist der Vermieter berechtigt, einen unbefristeten Mietvertrag nach Ablauf von zehn Jahren gemäß den allgemeinen Regelungen zu kündigen.

6.5.2.3 Werkvertrag

Die wichtigsten Änderungen im Werkvertragsrecht durch das neue Schuldrecht betreffen die Verjährung nach § 478 sowie das Anpassungsrecht des Unternehmers nach § 480.

1. Verjährung

In § 478 des neuen Schuldrechts sind die Verjährungsfristen für Mängelgewährleistungsansprüche des Bestellers gegen den Unternehmer geregelt.

In § 363 des alten Schuldrechts wurde hinsichtlich der Verjährungsfristen im Werkvertragsrecht auf das Kaufvertragsrecht verwiesen. Jedoch wurde bei den neuen Regelungen von einem solchen Verweis auf das Kaufrecht abgesehen. Aufgrund der vielfältigen Anwendbarkeit des Werkvertragsrechts und der Vielzahl verschiedener Werkarten wurden die Verjährungsfristen in Abhängigkeit von der Art des Werks unterschiedlich ausgestaltet. Hiernach verjähren

a) die Ansprüche gegen den Unternehmer wegen der Herstellung eines mangelhaften Werks bei (unbeweglichen) Bauwerken in fünf Jahren und bei allen anderen Werken in zwei Jahren, vorausgesetzt dass kein grob fahrlässiges Handeln (Vorsatz oder grobe Fahrlässigkeit) vorliegt.

b) die Ansprüche gegen den Unternehmer wegen der grob fahrlässigen Herstellung eines mangelhaften Werks hingegen, unabhängig von der Art des Werks, in 20 Jahren nach Abnahme des Werks.

Außer in den oben bereits angegebenen Angelegenheiten, mit anderen Worten also in den vertragswidrigen Zuständen, die nicht aus der Herstellung eines mangelhaften Werks resultieren, kommt § 146 Abs. 6 zur Anwendung. Hiernach unterliegen Forderungen, die nicht aus der grob fahrlässigen Nicht- bzw. Schlechterfüllung der vertraglichen Verpflichtungen des Unternehmers resultieren, einer fünfjährigen Verjährungsfrist.

2. Anpassungsrecht bei Pauschalbeträgen

Der zuvor in § 365 Abs. 2 des alten Schuldrechts geregelte Anspruch des Unternehmers auf Anpassung von Pauschalbeträgen wird nun in § 480 Abs. 2 des neuen Schuldrechts geregelt. Im neuen Schuldrecht wird das Anpassungsrecht des Unternehmers nach den gleichen Grundsätzen wie im alten Schuldrecht bestimmt, jedoch wird nunmehr das Recht des Unternehmers klarer und ausdrücklicher geregelt. Zudem ist nun genau festgelegt, welche Wahlrechte er hat und in welcher Reihenfolge diese geltend machen werden können.

Nur wenn Umstände eintreten, welche die Vertragsparteien bei Vertragsschluss nicht vorausgesehen haben bzw. welche die Vertragsparteien zwar vorausgesehen, aber nicht im Vertrag berücksichtigt haben, kann der Unternehmer vom Gericht verlangen, dass der Vertrag an die neuen Umstände angepasst wird. Zudem müssen diese Umstände auch die Herstellung des Werks zu dem zwischen den Parteien vereinbarten Pauschalbetrag verhindern bzw. äußerst erschweren. Nur wenn die Anpassung des Vertrages an die neuen Umstände nicht möglich ist bzw. der Unternehmer nicht erwarten kann, dass der Besteller auf seinen Wunsch zur Anpassung des Vertrages eingeht, besteht für den Unternehmer die Möglichkeit, vom Vertrag zurückzutreten.

6.5.2.4 Bürgschaftsvertrag

Die neuen Regelungen über den Bürgschaftsvertrag enthalten die grundlegenden Veränderungen gegenüber dem alten Schuldrecht. Die neuen Regelungen messen dem Schutz des Bürgen grds. eine größere Bedeutung bei. Insbesondere wurden die Formerfordernisse für die Entstehung und den Fortbestand der Bürgschaftsverhältnisse verschärft.

1. Verzichtsverbot

Im letzten Absatz des § 582 des neuen Schuldrechts wurde die Regelung eingeführt, dass der Bürge nicht vorab auf die ihm zustehenden Rechte verzichten kann, soweit sich aus dem Gesetz nichts Gegenteiliges ergibt. Ein vorab erfolgter Verzicht des Bürgen auf die ihm zustehenden Rechte ist somit unwirksam.

2. Form des Vertrages

In § 583 des neuen Schuldrechts befinden sich die (neu) eingeführten strengen Voraussetzungen eines Bürgschaftsvertrages. Gemäß § 583 Abs. 1 ist die Wirksamkeit des Bürgschaftsvertrages davon abhängig, dass

a) der Vertrag schriftlich geschlossen wurde,

b) der Höchstbetrag, für den der Bürge haften soll, im Vertrag bestimmt ist sowie

c) das Datum des Vertragsschlusses im Bürgschaftsvertrag bestimmt ist.

Der Haftungshöchstbetrag sowie das Datum des Vertragsschlusses sind vom Bürgen handschriftlich zu erklären. Soweit eine Gesamtschuld vorliegt, muss auch die Eigenschaft des Bürgen als gesamtschuldnerischer Bürge handschriftlich von diesem im Bürgschaftsvertrag erklärt werden.

Insbesondere stellt die zwingend vorgeschriebene Nennung des Datums, an dem der Bürgschaftsvertrag abgeschlossen wurde, im Vertragstext einen Unterschied zum alten Schuldrecht dar. Die Nennung des Abschlussdatums ist insbesondere für die Haftung des Bürgen von Bedeutung, da der Bürge gemäß § 589 Abs. 3 des neuen Schuldrechts, soweit nichts anderes vereinbart wurde, nur für die Schulden des Schuldners in Anspruch genommen werden kann, die nach Abschluss des Bürgschaftsvertrages entstanden sind.

3. Einverständnis des Ehegatten

Damit die Bürgschaft eines Ehegatten wirksam wird, muss nach dem neuen Schuldrecht unbedingt das Einverständnis/die Zustimmung des anderen Ehegatten zu dieser Bürgschaft eingeholt werden, ausgenommen Bürgschaften im Zusammenhang mit einem Handelsbetrieb. Gemäß § 584 des neuen Schuldrechts ist das Vorliegen des Einverständnisses des anderen Ehegatten vor Zustandekommen des Vertrages einzuholen, spätestens aber bei Abschluss des Vertrages.

Jedoch wurden in der gleichen Norm von diesem Grundsatz zwei Ausnahmen für die Fälle vorgesehen, dass es

a) ein Trennungsurteil des Gerichts gibt,

b) gesetzlich ein Recht auf Scheidung entstanden ist.

4. Haftung des Bürgen

Der Haftungsumfang des Bürgen ist in § 589 des neuen Schuldrechts geregelt. Hiernach haftet der Bürge in jedem Fall bis zu dem Höchstbetrag, der in dem Bürgschaftsvertrag bestimmt wurde. Jedoch haftet der Bürge, soweit nichts anderes vereinbart wurde, lediglich für die Schulden des Schuldners, die nach Abschluss des Bürgschaftsvertrages entstanden sind (z. B. Zinsen).

5. Einstellungsrecht des Bürgen

In § 590 des neuen Schuldrechts wurde für den Bürgen eine neue Schutzmöglichkeit geschaffen. Hiernach kann der Bürge bei allen Bürgschaftsarten vom Gericht als Gegenleistung für eine dingliche Sicherheit verlangen, dass alle gegen ihn gerichteten Verfolgungsmaßnahmen eingestellt werden, solange die vorhandenen Sicherungsmittel (Pfand, Hypothek etc.) nicht in Geld umgewandelt wurden und gegen den Schuldner durch Rechtsverfolgung kein Verlustschein eingeholt worden oder keine Insolvenzentscheidung ergangen ist.

6. Automatische Beendigung der seitens einer natürlichen Person eingeräumten Bürgschaft

Gemäß § 598 des neuen Schuldrechts werden alle seitens einer natürlichen Person eingeräumten Bürgschaftsarten zehn Jahre nach Abschluss des hierauf bezogenen Vertrages automatisch beendet. In den Fällen, in denen hingegen eine Bürgschaft für einen längeren Zeitraum als für zehn Jahre vereinbart wurde, ist außerdem die Regelung eingeführt worden, dass der Bürge nur bis zum Ablauf von zehn Jahren in Anspruch genommen werden kann, wenn der Vertrag nicht verlängert oder eine neue Bürgschaft vereinbart wird.

Durch diese Norm wurde auch die Möglichkeit der Verlängerung der zehnjährigen Bürgschaftsfrist eingeführt. Demnach kann der Bürge frühestens ein Jahr vor Ablauf der Bürgschaftsfrist durch eine den oben erläuterten Formvorschriften entsprechende schriftliche Erklärung den Bürgschaftsvertrag für eine Dauer von höchstens zehn Jahre verlängern.

7. Befristete Bürgschaft

In § 493 des alten Schuldrechts wurde dem Gläubiger in Fällen einer befristeten Bürgschaftsvereinbarung die Möglichkeit eingeräumt, noch innerhalb eines Monats nach Ablauf dieser Frist den Rechts- bzw. Vollstreckungsweg zu beschreiten. Jedoch wurde diese Möglichkeit durch § 600 des neuen Schuldrechts aufgehoben. Nunmehr ist ausdrücklich geregelt, dass der Bürge mit Beendigung der Frist von seiner Schuld befreit wird. Auf diese Weise wurde, wie dies auch bei den anderen Vertragsarten der Fall ist, der Ablauf der Vertragsdauer als absoluter Beendigungsgrund des Bürgschaftsvertrages anerkannt.

6.6 Gerichtliche Geltendmachung von Forderungen

6.6.1 Das türkische Gerichtssystem

Bei gerichtlichen Streitigkeiten, Mahnverfahren und Klagen stehen die Zivilgerichte zur Verfügung. Das funktioniert hier im Moment noch zweistufig, d. h. durch die Gerichte der ersten Instanz – Amtsgericht und Landgericht –, und in der zweiten Instanz durch die Revisionsgerichte.

Ausländische Gerichtsurteile müssen in der Türkei ein gerichtliches Anerkennungsverfahren, d. h. eine Klage für die Anerkennung und Vollstreckung hieraus, durchlaufen. Dazu müssen diese Urteile rechtskräftig sein.

6.6.2 Absicherung von Forderungen

6.6.2.1 Hypothekeneintragung (Ipotek)

Eine Eintragung von Hypotheken in ausländischer Währung ist zurzeit nur noch ausländischen Banken und Kreditinstituten möglich bzw. Firmen, die durch eine Handelsregisterbescheinigung nachweisen, dass sie Kredite vergeben dürfen. Die Gebühren betragen ca. 1,8 % des Streitwertes.

6.6.2.2 Eintragung eines Pfändungsvermerks (Haciz serhi)

Eine Alternative zur Hypothek ist die Eintragung eines Pfändungsvermerks ins Grundbuch. Dies kann unproblematisch auch in ausländischer Währung erfolgen. Wichtigste Voraussetzungen hierfür sind folgende:

- Es wird durch das Gerichtsvollstreckungsamt gegen den betreffenden Schuldner ein Mahnverfahren eingeleitet.
- Wird dagegen kein Einspruch eingelegt, so bekommt man einen rechtskräftigen Pfändungsbeschluss, der dann ins Grundbuch eingetragen werden kann.

Diese Belastung im Grundbuch ist ein Jahr gültig. Eine Pfändung wird automatisch nach Zeitablauf gelöscht, wenn keine weiteren rechtlichen Schritte eingeleitet werden. Ein solcher Antrag zwecks Versteigerung würde die Frist auf weitere zwei Jahre verlängern. Dieses Verfahren dauert ca. eine Woche und die Gebühren betragen ca. 2 % des Streitwertes.

Der wesentliche Unterschied zwischen Hypothek und Pfändung besteht darin, dass die hypothekarische Absicherung konkurssicher ist, mit anderen Worten, in einem Konkursfall und bei der folgenden Zwangsversteigerung werden zunächst die Hypothekengläubiger vom Erlös befriedigt.

Da nur Kaufleute in Konkurs gehen können und nicht natürliche Personen, kommt es darauf an, ob die betreffende Person Kaufmann ist oder nicht, ansonsten besteht grds. kein Nachteil darin, eine Pfändung zu erwirken, auch kann sie einfacher als eine Hypothek eingetragen werden.

Verkauf unter Eigentumsvorbehalt (Mülkiyeti muhafaza kaydiyla satis)

Ein Verkauf von beweglichen Sachen unter Eigentumsvorbehalt nach türkischem Recht ist möglich, allerdings ist dies nicht wie in Deutschland üblich.

Der Verkauf unter Eigentumsvorbehalt wird insbesondere bei Fahrzeugkäufen vorgenommen.

Nach Art. 764 des türkischen Zivilgesetzbuches ist der Vorbehalt des Eigentums nur wirksam, wenn die dem Erwerber übertragene Sache an dessen Wohnsitz in einem vom Notar geführten Sonderregister eingetragen ist.

PRAXISTIPP

Das Problem für ausländische Firmen liegt darin, dass die Durchführung des Eigentumsvorbehalts unpraktisch und kompliziert ist. Denn die Waren, die unter Eigentumsvorbehalt stehen, werden i. d. R. in die Türkei importiert und wenn diese dann zurückverlangt werden, müssen diese exportiert werden und bei diesen Zollformalitäten hat derjenige, der die Waren besitzt, mitzuwirken.

Aushändigung von Wechseln (Kambiyo senedi tevdi)

In der Türkei ist es möglich und üblich, dass der Schuldner dem Gläubiger Wechsel als Sicherheit aushändigt.

Bei Nichtbezahlung der Waren bzw. Schulden durch den Schuldner kann dann der Gläubiger aus den Wechseln vorgehen und ein sogenanntes Wechselverfahren einleiten und damit schneller ein Urteil erhalten als bei einer üblichen Forderungsklage.

Diese Wechsel verjähren nicht mit der angegebenen Fälligkeit, sondern erst innerhalb von einem (bis drei) Jahre(n) nach Fälligkeit.

Bankbürgschaft (Banka teminat mektubu)

Ferner ist es in der Türkei auch möglich und üblich, dass Forderungen durch eine Bankbürgschaft einer guten, seriösen Bank besichert werden. Wenn dann der Schuldner nicht mehr zahlen kann und die Forderung ausfällt, bürgt die Bank in Höhe der erteilten Bankbürgschaft. Dies stellt eine sehr gute Garantie dar.

Handelspfand (Ticari isletme rehni)

Das handelsrechtliche Pfandrecht bietet die Möglichkeit, im Eigentum eines Gewerbebetriebes befindliche bewegliche Sachen mit Registrierung beim Handelsregister zu verpfänden, ohne dass es ihrer Übergabe an den Gläubiger bedarf. Der sich so verschuldende Inhaber des Betriebes erhält somit durch die Verpfändung von beweglichen Sachen ohne deren Herausgabe die Möglichkeit, seine gewerbliche Tätigkeit fortzusetzen.

Das Handelspfand wird durch einen vom Notar beurkundeten Handelspfandvertrag abgeschlossen, bei dem der Handelspfandschuldner seinen Sitz hat, und mit Eintragung des Handelspfandvertrages im zuständigen Handelsregister entsteht dann das Handelspfand. Das registrierte Pfandrecht ist ein dingliches Recht und konkurssicher. Die Kosten betragen ca. 2 % des Streitwertes.

Das Pfandrecht kann durch Zwangsversteigerung verwertet werden, allerdings sind dazu viele Formalitäten zu erledigen, es ist zeitaufwendig und die Gegenseite hat viele Einspruchsmöglichkeiten.

6.7 Arbeits- und Aufenthaltsrecht für Ausländer

Nach dem neuen türkischen Ausländergesetz Nr. 6458 vom 11.04.2013 und den neuen Regelungen zum Aufenthaltsrecht ab dem 01.02.2012 können sich Ausländer ohne Aufenthaltserlaubnis nur noch 90 Tage pro 180 Tage in der Türkei aufhalten.

Personen, dies sich bereits in der Türkei aufhalten und einen längeren Aufenthalt planen, können innerhalb von 90 Tagen nach Einreise vor Ort eine Aufenthaltserlaubnis (*Ikamet*) beantragen. Dieser Antrag muss bei dem Polizeipräsidium der Region, in der man sich aufhält bzw. eine Wohnung hat, gestellt werden. Europäische Staatsangehörige können eine Aufenthaltserlaubnis bis zu drei Jahren erhalten, die nach Ablauf verlängert werden kann.

Eine Aufenthaltserlaubnis berechtigt ausländische Personen nicht, in der Türkei zu arbeiten, hierzu ist eine Arbeitserlaubnis zu beantragen.

Geschäftsführer und Verwaltungsratsmitglieder ausländischer Tochterunternehmen benötigen grds. keine Arbeitserlaubnis, wenn sie diese Aufgabe vom Ausland aus wahrnehmen.

Die Arbeitserlaubnis ist in Ankara beim Arbeits- und Sozialministerium einzuholen; eine Arbeitserlaubnis wird meist für ein Jahr erteilt und ist dann zu verlängern.

Ferner müssen für jede Beschäftigung eines ausländischen Mitarbeiters grds. je fünf türkische Mitarbeiter beschäftigt werden.

6.8 Arbeitsrecht in der Türkei – kurzer Überblick über die wesentlichen Regelungen und das Gesetz Nr. 4857

Als **Probearbeitszeit** kann ein Zeitraum von bis zu zwei Monaten vereinbart werden, Art. 15.

Die **gesetzliche Wochenarbeitszeit** beträgt 45 Stunden, Art. 63.

Überstunden, Art. 41, liegen vor, wenn die Wochenarbeitszeit von 45 Stunden überschritten wird. Pro Überstunde fällt ein Mehrentgelt von 50 % an.

Sollte die vereinbarte Arbeitszeit unter der gesetzlichen Arbeitszeit von 45 Stunden liegen, z. B. bei 40 Stunden pro Woche, dann fällt pro Überstunde bis zu der gesetzlichen Wochenarbeitszeit von 45 Stunden ein Mehrentgelt von 25 % an, ab der 46. Überstunde ein Mehrentgelt von 50 %.

Die **gesetzliche Kündigungsfrist,** Art. 17, von Arbeitnehmern beträgt mindestens zwei Wochen. Diese Frist kann selbstverständlich verlängert, aber nicht verkürzt werden.

Die gesetzlichen Kündigungsfristen verlängern sich je nach Dauer des Arbeitsverhältnisses:

- Arbeitsverhältnis von sechs Monaten: 14 Tage Kündigungsfrist, d. h. zwei Wochen
- Arbeitsverhältnis von sechs Monaten bis eineinhalb Jahren: 28 Tage Kündigungsfrist, d. h. vier Wochen

- Arbeitsverhältnis von eineinhalb bis drei Jahren: 42 Tage Kündigungsfrist, d. h. sechs Wochen
- Arbeitsverhältnis von drei Jahren und darüber hinaus: 56 Tage Kündigungsfrist, d. h. acht Wochen

Bei einem Arbeitsverhältnis ab einem bis zu fünf Jahren gibt es 14 Arbeitstage **Mindesturlaub,** bei sechs bis 15 Jahren 20 Arbeitstage Mindesturlaub und ab 16 Jahren und darüber 26 Arbeitstage Mindesturlaub, Art. 53. Der Urlaubsanspruch kann per Arbeitsvertrag verlängert werden.

Bei einer Kündigung eines Arbeitnehmers müssen eine **Abfindung** und ggf. eine Entschädigung gezahlt werden für nicht in Anspruch genommenen Urlaub.

Das türkische Arbeitsrecht kennt folgende gesetzliche Zahlungen:

- Die Kündigungsentschädigung (*Ihbar Tazminati*) fällt an, wenn die Kündigungsfristen nicht eingehalten werden.
- Die Dienstaltersabfindung (*Kidem Tazminati*) berechnet sich nach dem letzten Bruttomonatsgehalt, multipliziert mit der Anzahl der Jahre des Arbeitsverhältnisses. Es gibt für die Dienstaltersabfindung eine Obergrenze, die für jede sechs Monate von der Ministerkammer neu festgelegt wird, aktuell bis zum 30.06.2014 beträgt diese 3.438,22 Türkische Lira.
- Sofern die Gesellschaft mehr als 30 Arbeitnehmer beschäftigt, kommen bei Kündigungen die Kündigungsschutzregeln zur Anwendung und bei Verstoß ist eine Entschädigung (*Is iade Tazminati*) von vier bis zwölf Monatsgehältern zu zahlen.

Das **Gehalt,** Art. 32, ist in türkischer Währung, d. h. TL (*Türk Lirasi*), zu begleichen. Wenn es in ausländischer Währung vereinbart wurde, kann es in türkische Währung umgerechnet und bezahlt werden.

6.9 Grundstückserwerb in der Türkei

Der Grundstückserwerb ist grds. möglich, die Übertragung erfolgt ausschließlich beim Grundbuchamt. Für ausländische natürliche und juristische Personen gibt es im Grundbuchgesetz einige Beschränkungen.

Gemäß Art. 35 des Grundbuchgesetzes Nr. 2644 können ausländische Personen unter bestimmten Voraussetzungen Grundstücke und Immobilien erwerben.

Der Immobilienerwerb ist nur zulässig, wenn das Grundstück sich nicht in einem Schutz- oder Sicherheitsgebiet befindet. Hierzu holt das Grundbuchamt die entsprechenden Genehmigungen u. a. bei der Militärbehörde ein.

Gemäß Art. 36 des Grundbuchgesetzes Nr. 2644 dürfen darüber hinaus Gesellschaften mit eigener Rechtspersönlichkeit, die von ausländischen Gesellschaftern in der Türkei gegründet wurden oder an denen ausländische Gesellschafter beteiligt sind, Grundstücke, Immobilien und beschränkte dingliche Rechte erwerben und nutzen und übertragen, soweit dies zur Wahrnehmung der in ihren Satzungen bestimmten Tätigkeit erfolgt.

Gemäß Art. 36 des türkischen Grundbuchgesetzes und der „Verordnung über den Erwerb von unbeweglichen Vermögen von Gesellschaften mit ausländischem Kapital" vom 12.11.2008 müssen Gesellschaften mit ausländischem Kapital für den Erwerb von unbeweglichen Vermögen, Grundstücken und bei Erwerb begrenzt dinglicher Rechte in der Türkei eine Genehmigung des Gouverneursamts einholen, die grds. erteilt wird.

7 Informationen für Geschäftsreisende

Autor: Martin Woletz

7.1 Einreisebestimmungen

7.1.1 Einreisebestimmungen für deutsche Staatsangehörige

Deutsche Staatsangehörige können mit einem gültigen deutschen Reisepass oder einem gültigen Personalausweis in die Türkei einreisen. Die Einreise in die Türkei mit einem deutschen „Reiseausweis als Passersatz" ist nicht möglich. Als Tourist kann man sich bis zu 90 Tage in einem Zeitraum von 180 Tagen visumfrei im Land aufhalten.

Bei der Einreise mit Personalausweis händigen Ihnen die türkischen Zollbehörden ein Einreisepapier aus, welches Sie sorgfältig aufbewahren sollten, da Sie es bei der Ausreise wieder vorlegen müssen. Seit dem 26.06.2012 benötigen auch mitreisende Kinder einen eigenen Reisepass. Von einer Einreise mit einem vorläufigen oder einem abgelaufenen Personalausweis wird abgeraten, da die Einreise mit diesem Dokument in der Vergangenheit mehrfach verweigert wurde. (Quelle: www.auswaertiges-amt.de/DE/Laenderinformationen/00-SiHi/TuerkeiSicherheit.html)

7.1.2 Einreisebestimmungen für österreichische Staatsangehörige

Österreichische Staatsangehörige können mit einem gewöhnlichen österreichischen Reisepass in die Türkei einreisen und erhalten bei der Einreise das benötigte Visum mit einer Gültigkeit von bis zu 90 Tagen. Die Gebühr für dieses Visum beträgt 15 €, welche bei der Einreise zu entrichten ist. Der Schalter für das Visum befindet sich vor der Passkontrolle. Seit 10.4.2014 muss das Visum für touristische oder geschäftliche Zwecke vor der Einreise online beantragt und ausgedruckt werden. Nähere Informationen sind unter www.evisa.gov.tr erhältlich. An den Kosten von 15,00 € pro Visum hat sich nichts geändert.

Der Reisepass muss bei Ausreise noch eine Gültigkeit von 90 Tage haben. Seit 15.06.2012 benötigen auch mitreisende Kinder einen eigenen Reisepass. Bei der Einreise sollte darauf geachtet werden, dass ein Einreisestempel im Reisepass angebracht wird, da es anderenfalls zu Schwierigkeiten bei der Ausreise kommen kann. (Quelle: www.bmeia.gv.at/aussenministerium/buergerservice/reiseinformation/a-z-laender/tuerkei-de.html?dv_staat=182)

7.1.3 Einreisebestimmungen für Schweizer Staatsangehörige

Schweizer Staatsangehörige sind i. d. R. vom Visumzwang befreit und benötigen für einen Aufenthalt von bis zu drei Monaten eine gültige Identitätskarte oder einen Reisepass. Kinder benötigen eine gültige Identitätskarte oder einen eigenen Reisepass. Kindereinträge im Reisepass der Eltern sind ungültig und berechtigen das Kind nicht mehr zum Grenzübertritt. Bei der Einreise mit der Identitätskarte händigen Ihnen die türkischen Zollbehörden ein Einreisepapier aus, welches Sie sorgfältig aufbewahren sollten, da Sie es bei der Ausreise wieder vorlegen müssen.

7.2 Aufenthaltsrecht und Arbeitserlaubnis

PRAXISTIPP

Gemäß dem türkischen Personenstandsgesetz werden Ausländer, die mindestens sechs Monate legal im Land sind, in das Ausländerregister eingetragen und erhalten eine ***Ausländeridentitätsnummer*** *(Yabancı Kimlik Numarası). Diese Identitätsnummer benötigen Sie, wenn Sie Dienstleistungen von Behörden oder privaten Institutionen in Anspruch nehmen möchten. Die Ausländeridentitätsnummer muss aktiviert werden.*

7.2.1 Arbeitserlaubnis und Aufenthaltsrecht für deutsche Staatsangehörige

- **Allgemein**

  Für den Aufenthalt Deutscher in der Türkei ist die Erteilung einer Aufenthaltserlaubnis für bis zu fünf Jahren möglich. Das türkische Außenministerium informierte im Juli 2002 über neue Durchführungsbestimmungen für Deutsche als Teil einer bevorzugten Staatengruppe mit diesen Konditionen:

  - Erteilung zunächst für zwei Jahre (Voraussetzung: gültiger Reisepass und Nachweis des Unterhalts)
  - Verlängerung um jeweils fünf Jahre
  - Bei Immobilienbesitz in der Türkei ist eine Ersterteilung von fünf Jahren möglich.

  Unbefristete Aufenthaltstitel werden nach wie vor nicht erteilt. Die „langfristige Aufenthaltsgenehmigung" eines Ausländers kann allerdings nur dann aufgehoben oder nicht verlängert werden, wenn eine Gefährdung der nationalen Sicherheit, der öffentlichen Ordnung oder Moral vorliegt.

- **Deutsche Ehegatten von Türken**

  Für deutsche Ehegatten von Türken sehen die Durchführungsvorschriften zum geänderten Ausländerrecht günstigere Bedingungen vor:

  - Die Aufenthaltserlaubnis soll zunächst für drei Jahre, danach für jeweils fünf Jahre erteilt werden.
  - Nach den neuen Durchführungsvorschriften erwirbt die ausländische Ehefrau eines Türken nach einer eventuellen Scheidung eine eigenständige Aufenthaltserlaubnis, wenn die Ehe mindestens drei Jahre in der Türkei bestand.

7.2.2 Arbeitserlaubnisrecht

Ausländern, die mit türkischen Staatsangehörigen verheiratet sind und in ehelicher Gemeinschaft leben, und EU-Bürgern kann nunmehr unabhängig von den sonst geltenden Fristen und Voraussetzungen eine Sonderarbeitserlaubnis erteilt werden.

EU-Bürger haben keinen uneingeschränkten Anspruch auf Erteilung einer unbefristeten Arbeitserlaubnis. Es besteht jedoch nach einem Jahr ein Anspruch auf Verlängerung der Arbeitserlaubnis zur Weiterbeschäftigung bei demselben Arbeitgeber. Nach vier Jahren besteht ein Anspruch auf unbeschränkten Arbeitsmarktzugang. Nach fünf Jahren Beschäftigung besteht ein unabhängiger gesetzlicher Anspruch auf eine unbefristete und unbeschränkte Arbeitserlaubnis.

Das Arbeits- und Sozialministerium hat bei der Auslegung einen Ermessensspielraum je nach Konjunktur und Notwendigkeit. Das gilt auch für selbstständige Tätigkeiten.

Die „Verordnung über die Einstellung ausländischen Personals bei ausländischen Direktinvestitionen" schafft Erleichterungen, die für Schlüsselpersonal in **besonderen** ausländischen Betriebsniederlassungen und ihren Verbindungsbüros gelten.

7.2.3 Berufszugang und Erwerbsbeschränkungen

Die oben angeführte Arbeitserlaubnis ermöglicht es deutschen Staatsbürgern, nahezu alle Berufe auszuüben, außer z. B. dem des Beamten, Rechtsanwaltes, Notars, Apothekers, Richters, (Zahn-)Arztes, der Hebamme und der Krankenschwester. Für Berufe im Ingenieur-, Architekten- und Tourismuswesen sind ebenfalls Sonderbestimmungen vorgesehen. (Quelle: www.ankara.diplo.de > Rechts- und Konsularangelegenheiten > Leben und Arbeiten in der Türkei)

7.2.4 Arbeitserlaubnis und Aufenthaltsrecht für österreichische und Schweizer Staatsangehörige

Ähnlich verhält es sich auch für österreichische und Schweizer Staatsbürger. Der Erhalt einer Arbeitserlaubnis wird durch große bürokratische Hürden erschwert. Neben dem Erhalt der Arbeitserlaubnis muss in einem gesonderten Schritt das Arbeitsvisum beantragt und vor Ort vor Beginn der Arbeit von der lokalen Behörde bestätigt werden. Auch kann von den Behörden ein beglaubigtes Jobangebot eingefordert werden. In jedem Fall hängt die Erteilung der Bewilligung auch stark davon ab, ob das Berufsbild so speziell ist, dass kein türkischer Staatsangehöriger diese Arbeit ausführen kann. (Quellen: www.bmeia.gv.at/botschaft/ankara.html, www.csgb.gov.tr/csgbPortal/yabancilar/eng/index.html, www.s-ge.com/schweiz/export/de/filefield-private/files/1870/field_blog_ public_files/866.

7.3 Reisen nach Istanbul und Ankara

Istanbul und Ankara sind Großstädte, wie es sie überall auf der Welt gibt. Der Großraum Istanbul mit seinen knapp 20 Mio. Einwohnern ist v. a. logistisch eine große Herausforderung. Sie sollten sich schon vor Reiseantritt genau ansehen, wo Ihre Gesprächspartner auf Sie warten, denn eine Fahrt mit dem Auto durch Istanbul kann schon mal drei Stunden dauern. Mittlerweile sind beide Stadtteile am Bosporus – der europäische und der asiatische – annähernd gleich entwickelt. Während viele internationale Firmenzentralen im europäischen Teil liegen, steht im B2B der asiatische Teil um nichts mehr nach. Eine Alternative zum Auto ist in jedem Fall die Fähre, die häufig zwischen Europa und Asien verkehrt.

Ankara ist das politische Zentrum der Türkei und enorm wichtig für Unternehmer, die im Ausschreibungsbereich tätig sind. Auch der Kontakt zur Wissenschaft und den Universitäten lässt sich hier leicht finden. Ankara hat derzeit rd. 4,65 Mio. Einwohner und wächst sehr rasch. Die Entfernung zwischen Istanbul und Ankara beträgt rd. 453 Kilometer, bedeutet also eine ca. fünfstündige Autofahrt. Auf der Strecke liegen interessante Städte wie das Industriegebiet rund um Izmit oder die Provinzhauptstadt Güzce, die 1999 durch ein Erdbeben schwer verwüstet und wiederaufgebaut wurde.

Güzce ist eines der Zentren der türkischen Waffenindustrie. Aus touristischer Sicht ist die Provinzhauptstadt Bolu, die über eine sehr wald- und seenreiche Umgebung verfügt, interessant. Knapp vor Ankara liegt die Stadt Yenikent, die stark landwirtschaftlich geprägt ist und eines der größten türkischen Anbaugebiete für Wassermelonen ist.

Über die beiden türkischen Großstädte gibt es eine Vielzahl von Reiseführern, denn neben dem Geschäft bieten beide Städte eine äußerst interessante Geschichte, tolle Sehenswürdigkeiten und eine ausgezeichnete Küche.

7.4 FAQ

Autofahren in der Türkei

In der Türkei herrscht Rechtsverkehr. Sie benötigen einen internationalen Führerschein, die Versicherungskarte und Ihren Pass. Gerade in Großstädten kann der Straßenverkehr sehr stressig sein, die Hauptverkehrsrouten sind in gutem Zustand.

PRAXISTIPP

Achten Sie auf die Straßenverkäufer, die gerade bei Staus und großen Kreuzungen sehr schnell an Ihrem Wagen stehen können. Nehmen Sie ausreichend Getränke mit!

Bankomaten (ATMs)

Bankomaten sind quer durch die Türkei vorhanden und akzeptieren alle wichtigen Kredit- und Bankomat-Karten. Die Instruktionen am Bildschirm sind meistens auf Türkisch und Englisch, bei manchen Geräten sogar auf Deutsch verfügbar.

PRAXISTIPP

Informieren Sie Ihre Bank, bevor Sie in die Türkei fahren. Manche Bankautomaten sperren die Karten nach dem ersten Gebrauch aus Sicherheitsgründen.

Feiertage

Name	2014	2015
Neujahr	1. Januar	1. Januar
Tag der nationalen Unabhängigkeit und Kinder	23. April	23. April
Tag der Arbeit und Solidarität	1. Mai	1. Mai
Atatürk-Gedenktag und Tag der Jugend und des Sports	19. Mai	19. Mai
Ramadan	28. Juni–27. Juli	18. Juni–16. Juli
Zuckerfest	28.–30. Juli	17.–19. Juli
Tag des Sieges im türkischen Befreiungskrieg	30. August	30. August
Tag der Veteranen	19. September	19. September
Opferfest	4.–7. Oktober	23.–26. September
Tag der Republik	29. Oktober	29. Oktober

Tab. 18: Feiertage in der Türkei

Gesundheit

Grundsätzlich ist es ratsam, eine Auslandskrankenversicherung abzuschließen. Besondere Vorsichtsmaßnahmen (Impfungen etc.) sind im Vorfeld bei der aktuellen Lage nicht notwendig. Hier sind in jedem Fall die Empfehlungen der politischen Vertretungen und des Außenministeriums zu beachten. Vor Ort gelten die üblichen Regeln für den Verzehr von Obst, Gemüse und Leitungswasser, wie sie generell in südlichen Ländern einzuhalten sind, um Krankheiten vorzubeugen.

Kleidung

Business-Kleidung ist auch in der Türkei bei geschäftlichen Aktivitäten normal. In den Sommermonaten wird hier schon mal auf die Krawatte verzichtet. Das Sakko ist jedoch immer ein Muss. Sollten Sie sich mit Ihrem Geschäftspartner zu einem Freizeitprogramm treffen, dann klären Sie die optimale Kleidung im Vorfeld ab.

Kreditkarten

Kreditkarten der großen Institute werden überall akzeptiert. Dennoch empfiehlt es sich, auch Bargeld für kleinere Geschäfte, Basare oder öffentliche Verkehrsmittel parat zu haben. Auch in weniger erschlossenen Gegenden der Türkei sollten Sie über ausreichend Bargeld verfügen.

Mobiltelefon

Die größten GSM-Anbieter in der Türkei sind Turkcell, Vodafone und Avea. Bevor Sie in die Türkei fahren, sollten Sie auf jeden Fall mit Ihrem Mobilfunkanbieter Rücksprache halten, ob Ihr Mobilgerät für die Türkei freigeschalten ist. Da die Roaming-Kosten hier sehr hoch sind, sind die Geräte oft gesperrt. Sollten Sie länger in der Türkei bleiben oder viel telefonieren müssen, empfiehlt es sich, einen türkischen Anbieter zu nehmen.

Sprache

Wie in allen Ländern der Welt ist es von Vorteil, wenn Sie sich in der Landessprache unterhalten können. In der Türkei ist die Hauptsprache natürlich Türkisch. Als zweitwichtigste Sprache ist Englisch und vielerorts auch Deutsch in Verwendung. Ausschreibungen, Schriftstücke und Informationen sind oft nur auf Türkisch oder teilweise auf Englisch verfügbar. Hier sollten Sie in jedem Fall mit einem professionellen Übersetzer oder einer Übersetzungsagentur zusammenarbeiten.

PRAXISTIPP

Ihre türkischen Geschäftspartner sind immer erfreut, wenn Sie einige Brocken Türkisch beherrschen, denn das ist für sie ein Zeichen dafür, dass Sie sich längerfristig engagieren wollen. Auch für Messen oder einfach nur um ins Gespräch zu kommen, sind ein paar Sätze auf Türkisch für den Smalltalk von großem Nutzen.

Stromversorgung

Die Stromversorgung ist wie in Zentraleuropa mit 220 V und 50 Hz. Die Doppelstecker sind Standard in der Türkei. Sollten Sie außerhalb der Ballungsräume unterwegs sein, erkundigen Sie sich im Vorfeld nach der Verfügbarkeit.

Travellerschecks

Travellerschecks können in Banken, einigen größeren Hotelketten und manchen Wechselstuben eingetauscht werden. Wie bei den Kreditkarten gilt auch bei den Travellerschecks, dass Sie über eine ausreichende Menge an Bargeld verfügen sollten, wenn Sie sich außerhalb der Ballungsräume aufhalten.

Währung (TL)

Die lokale Währung ist die Türkische Lira. Banknoten sind in 5-, 10-, 20-, 50- und 100-TL-Scheinen, Münzen in 10, 25 und 50 Kurus sowie 1-TL-Stücken vorhanden.

PRAXISTIPPS

- *1-TL-Stücke und 1-€-Münzen sehen sich sehr ähnlich. Allerdings ist der Euro mehr als das Zweifache wert.*
- *Wechselkurse und Gebühren sind meistens angegeben. Wie überall gilt auch in der Türkei, dass Wechselstuben in Ballungsgebieten eher teurer sind als außerhalb der Kernzonen.*

Zeitdifferenz

Die Zeitdifferenz zwischen der Türkei und Zentraleuropa beträgt +1 Stunde.

7.5 Messen und Veranstaltungen

Messen und Ausstellungen sind sehr interessante Möglichkeiten für den Geschäftsaufbau in der Türkei. Allerdings muss man die gewohnten Messerituale aus dem zentraleuropäischen Raum zugunsten der türkischen Mentalität abändern.

Es empfiehlt sich in jedem Fall, im Jahr vor der geplanten Messeteilnahme die Veranstaltung als Besucher zu absolvieren. Sie erhalten so einen verlässlichen Eindruck über die Organisation, den Ablauf und die Größe der Messe. Weiterhin können Sie direkt vor Ort mit der Messeorganisation erste Vorverhandlungen führen und auch Kontakt mit den Zulieferfirmen (Spedition, Standbau usw.) aufnehmen. Außerdem liefert der Erstkontakt als Besucher auch wertvolle Informationen, was türkische Geschäftspartner von einem Aussteller erwarten.

Es darf Sie nicht verwundern, wenn Sie sich nach kurzer Zeit in einer großen Runde von Geschäftsleuten befinden, die sich gegenseitig austauschen und dem Aussteller huldigen. Dabei geht es für den Aussteller darum, seine besten Kunden anderen zu zeigen. Als Besucher kann man so neue Kontakte knüpfen und die eigenen Erfahrungen mit anderen Unternehmern austauschen.

Wenn Sie dann selbst als Aussteller auftreten, rechnen Sie auch mit kleinen Pannen und damit, dass der Messestand erst am Ende der Messe komplett ist. Vor allem die Stromversorgung und die Beschriftung können die Nerven des Ausstellers strapazieren. Doch hier kommt einer der sehr positiven Wesenszüge eines Türken zum Tragen: Er findet immer eine Lösung und ist immer um das Wohl des Gastes bemüht.

Das Messeprogramm ist umfassend für alle Branchen, die meisten Messen finden in Istanbul statt. Doch Messezentren gibt es in vielen Städten wie:

- Adana
- Afyonkarahisar
- Ankara
- Antalya
- Balikesir
- Bursa
- Canakkale

- Denizli
- Diyarbakir
- Gaziantep
- Istanbul
- Izmir
- Kayseri
- Konya
- Mersin
- Tekirdag

(Quellen: www.expodatabase.de/messen-europa/tuerkei, www.eventseye.com/messen/turkei/cy2_fachmessen-istanbul.html)

8 Anhang

8.1 Wichtige Adressen

Autorin: Hannelore Struger-Waniek

8.1.1 Botschaften und Konsulate

8.1.1.1 Botschaften und Konsulate – der Türkei in Deutschland, Deutschlands in der Türkei

In Deutschland

Türkische Botschaft Berlin
10785 Berlin, Tiergartenstraße 19–21
Fon: +49-30/275 850
Fax: +49-30/275 909 15
E-Mail: botschaft.berlin@mfa.gov.tr

Türkisches Generalkonsulat Berlin
14052 Berlin, Heerstraße 21
Fon: +49-30/896 802 11
Fax: +49-30/893 189 8
E-Mail: konsulat.berlin@mfa.gov.tr

Türkisches Generalkonsulat Düsseldorf
40474 Düsseldorf, Cecilienallee 41
Fon: +49-211/454 780
Fax: +49-211/454 782 2
E-Mail: konsulat.duesseldorf@mfa.gov.tr

Türkisches Generalkonsulat Essen
45307 Essen, Am Zehnthof 55
Fon: +49-201/842 160
Fax: +49-201/423 867
E-Mail: konsulat.essen@mfa.gov.tr

Türkisches Generalkonsulat Frankfurt
60596 Frankfurt am Main, Kennedyallee 115–117
Fon: +49-69/713 773
Fax: +49-69/713 774 85
E-Mail: konsulat.frankfurt@mfa.gov.tr

Türkisches Generalkonsulat Hamburg
20148 Hamburg, Tesdorpfstraße 18
Fon: +49-40/448 033-0
Fax: +49-40/445 258
E-Mail: konsulat.hamburg@mfa.gov.tr

Türkisches Generalkonsulat Hannover
30167 Hannover, An der Christuskirche 3
Fon: +49-511/768 65-0
Fax: +49-511/177 00, +49-511/768 659 1
E-Mail: konsulat.hannover@mfa.gov.tr

Türkisches Generalkonsulat Karlsruhe
76131 Karlsruhe, Rintheimer Straße 82
Fon: +49-721/984 401-0, +49-721/984 405-0
Fax: +49-721/856 013
E-Mail: konsulat.karlsruhe@mfa.gov.tr

Türkisches Generalkonsulat Köln
50354 Hürth, Luxemburger Straße 285
Fon: +49-2233/974 180
Fax: +49-2233/755 72
E-Mail: konsulat.koeln@mfa.gov.tr

Türkisches Generalkonsulat Mainz
55131 Mainz, An der Karlsschanze 7
Fon: +49-6131/982 600, +49-6131/982 601 7
Fax: +49-6131/835 119
E-Mail: konsulat.mainz@mfa.gov.tr

Türkisches Generalkonsulat München
80638 München, Menzinger Straße 3
Fon: +49-89/178 031 0
Fax: +49-89/178 566 0
E-Mail: konsulat.muenchen@mfa.gov.tr

Türkisches Generalkonsulat Münster
48147 Münster, Lotharinger Straße 25–27
Fon: +49-2514/147 00
Fax: +49-2514/433 27
E-Mail: konsulat.muenster@mfa.gov.tr

Türkisches Generalkonsulat Nürnberg
90478 Nürnberg, Regensburger Straße 69
Fon: +49-911/946 760
Fax: +49-911/468 962
E-Mail: konsulat.nuernberg@mfa.gov.tr

Türkisches Generalkonsulat Stuttgart
70182 Stuttgart, Kernerstraße 19/B
Fon: +49-711/166 670
Fax: +49-711/262 210 2
E-Mail: konsulat.stuttgart@mfa.gov.tr

In der Türkei

Deutsche Botschaft in Ankara
06690 Kavaklıdere – Ankara, Atatürk Bulvarı 114
Postanschrift: Almanya Federal Cumhuriyeti Büyükelçiligi, PK 54
06552 Çankaya – Ankara, Türkei
Fon: +90-312/455 510 0
Fax: +90-312/455 533 7

Deutsches Generalkonsulat in Istanbul
34437 Gümüşsuyu – Istanbul, Alman Başkonsolosluğu, İnönü Caddesi 10
Postanschrift: PK 6, 34431 Beyoğlu – Istanbul
Fon: +90-212/334 610 0
Fax: +90-212/249 992 0

Deutsches Generalkonsulat in Izmir
35330 Balçova – Izmir, Havuzbaşı Sok. No. 1, Korutürk Mahallesi
Fon: +90-232/488 888 8
Fax: +90-232/488 887 4
Kanzlei: +90-232/463 799 0

Deutsches Konsulat in Antalya
07235 Antalya, Çağlayan Mahallesi, Barınaklar Bulvarı No. 54
Fon: +90-242/314 110 1, +90-242/314 110 2
Fax: +90-242/321 691 4

8.1.1.2 Botschaften und Konsulate – der Türkei in Österreich, Österreichs in der Türkei

In Österreich

Türkische Botschaft Wien
1040 Wien, Prinz-Eugen-Straße 40
Fon: +43-1/505 733 8
Fax: +43-1/505 366 0
E-Mail: botschaft.wien@mfa.gov.tr

Glossar der Türkischen Botschaft in Österreich:
http://konsolosluk.gov.tr/at/de/Terimler.aspx

Handelsabteilung der Türkischen Botschaft in Österreich:
www.economy.gov.tr, www.musavirlikler.gov.tr

Türkisches Generalkonsulat Wien
1130 Wien, Hietzinger Hauptstraße 29
Fon: +43-1/877 718 1
Fax: +43-1/877 717 9
E-Mail: konsulat.wien@mfa.gov.tr

Türkisches Generalkonsulat Bregenz
6900 Bregenz, Arlbergstraße 117
Fon: +43-5574/420 83
Fax: +43-5574/424 41
E-Mail: konsulat.bregenz@mfa.gov.tr

Türkisches Generalkonsulat Salzburg
5020 Salzburg, Strubergasse 9
Fon: +43-662/442 120, +43-662/442 133
Fax: +43-662/442 133 4
E-Mail: konsulat.salzburg@mfa.gov.tr

In der Türkei

Österreichische Botschaft in Ankara
06680 Kavaklıdere – Ankara, Atatürk Bulvarı No.189
Fon: +90-312/405 519 0-92
Fax: +90-312/418 945 4
E-Mail: ankara-ob@bmeia.gv.at

Österreichisches Generalkonsulat, Istanbul
34464 Yeniköy – Istanbul, Köybasi cad. No. 46
Postanschrift: P.K.2, 34464 Yeniköy – Istanbul
Fon: +90-212/363 841 0
Fax: +90-212/262 262 2
E-Mail: istanbul-gk@bmeia.gv.at
www.aussenministerium.at/istanbulgk

8.1.1.3 Botschaften und Konsulate – der Türkei in der Schweiz, der Schweiz in der Türkei

In der Schweiz

Botschaft der Türkei in Bern
3006 Berne (Bern), Lombachweg 33
Fon: +41-31/359 707 0
Fax: +41-31/352 881 9
E-Mail: botschaft.bern@mfa.gov.tr

Generalkonsulat der Türkei in Genf
1215 Genève (Genf) 15, ICC20, Route de Pre-Bois CP1901
Fon: +41-22/711 093 60
Fax: +41-22/710 936 1
E-Mail: consulat.geneve@mfa.gov.tr

Generalkonsulat der Türkei in Zürich
8006 Zürich, Weinbergstraße 65
Fon: +41-44/368 290 0
Fax: +41-44/368 291 9
E-Mail: konsulat.zurich@mfa.gov.tr

In der Türkei

Schweizer Botschaft Ankara
06680 Kavaklıdere – Ankara, Atatürk Bulvarı 247 P.K. 25
Fon: +90-312/457 310 0
Fax: +90-312/467 119 9
E-Mail: ank.vertretung@eda.admin.ch

Generalkonsulat Istanbul
34394 Levent Istanbul, Büyükdere Cad. No. 173, 1. Levent Plaza, A-Blok Kat. 3
Postadresse: P.K. 90, 34330 Levent – Istanbul
Fon: +90-212/283 128 2
Fax: +90-212/283 129 8, +90-212/283 129 7 (Visa)
E-Mail: ist.vertretung@eda.admin.ch

8.1.2 Die wichtigsten Adressen für das Auslandsgeschäft mit der Türkei

8.1.2.1 Deutschland

Deutsch-Türkische Industrie und Handelskammer (AHK)
34457 Tarabya – Istanbul, Yeniköy Cad. No. 88
Fon: +90-212/363 050 0
Fax: +90-212/363 056 0
E-Mail: info@dtr-ihk.de

Deutsch-Türkische Industrie und Handelskammer – Büro Izmir
35620 Alsancak – Izmir, Kibris Şehitleri Mah. 1476 Sok. No. 2
Aksoy Residence 16. Kat – G1
Fon: +90-232/422 126 5
Fax: +90-232/422 127 5
E-Mail: izmir@dtr-ihk.de

Messe Frankfurt Istanbul
34367 Istanbul
Fon: +90-212/296 262 6
E-Mail: info@turkey.messefrankfurt.com

Hannover-Messe International Istanbul
34361 Sisli – Istanbul
Fon: +90-212/334 690 0
E-Mail: info@hf-turkey.com

8.1.2.2 Österreich

AußenwirtschaftsCenter Istanbul
Wirtschaftskammer Österreich, Außenwirtschaft Österreich
Avusturya Baskonsoloslugu Ticaret Ofisi
34394 Esentepe – Istanbul
Büyükdere Caddesi 100–102
Maya Akar Center B Blok Floor 14 Office 51
Fon: +90-212/211 147 6
Fax: +90-212/212 013 3
http://wko.at/awo/tr

AußenwirtschaftsCenter Ankara
Eskişehir Yolu 6, Floor 13 Office 19
Armada Business Center
06520 Sögütözü – Ankara

WU-Alumni-Club, Istanbul
Alumni-Club der Wirtschaftsuniversität Wien, Österreich
Leitung: Mag. Hannelore Struger-Waniek
Fon: +43-650/777 205 3
E-Mail: hannelore.struger@struger-consult.eu

8.1.2.3 Schweiz

Swiss Business Hub Turkey
c/o Consulate General of Switzerland
Esentepe Mah. Büyükdere Cad. 173, 1. Levent Plaza A Blok Kat. 3
34394 Levent-Sisli – Istanbul
Fon: +90-212/283 12 82 (ext. 234), +90-212/283 12 98
Fax: +90-530/230 12 20
E-Mail: mehmet.yildirimli@eda.admin.ch

8.2 Bilanzierungsmuster für die Türkei

Autor: Serhat Kutlan

8.2.1 Bilanz

Muster GmbH
Bilanz zum 31.12.2013

	zum .... (in TL)		zum .... (in TL)	
AKTIVA				
I. UMLAUFVERMÖGEN				
A. FLÜSSIGE MITTEL		0,00		0,00
1. Kassenbestand				
2. Erhaltene Schecks				
3. Banken				
4. Ausgestellte Schecks und Zahlungsanweisungen (-)				
5. Sonstige kurzfristiges Umlaufvermögen				
B. WERTPAPIERE		0,00		0,00
1. Aktien				
2. Private Anleihen				
3. Staatliche Anleihen und Wechsel				
4. Sonstige Wertpapiere				
5. Wertberichtigung zu den Wertpapieren (-)				
C. FORDERUNGEN AUS LIEFERUNGEN UND LEISTUNGEN		0,00		0,00
1. Kunden				
2. Besitzwechsel				
3. Diskontierung von Besitzwechsel (-)				
4. Geleistete Kautionen und Garantien				
5. Sonstige Forderungen aus L.u.L.				
6. Zweifelhafte Forderungen				
7. Wertberichtigung zu Forderungen (-)				
D. SONSTIGE FORDERUNGEN		0,00		0,00
1. Forderungen an Gesellschafter				
2. Forderungen an Beteiligungen				
3. Forderungen an gebundene Beteiligungen				
4. Forderungen an Personal				
5. Sonstige diverse Forderungen				
6. Diskontierung v. sonst. Wechselforderungen (-)				
7. Sonstige zweifelhafte Forderungen				
8. Wertberichtigung zu sonstigen Forderungen (-)				
E. LAGERVORRÄTE		0,00		0,00
1. Rohstoffe				
2. Halbfabrikate				
3. Fertigfabrikate				
4. Handelswaren				
5. Sonstige Lagerbestände				
6. Wertberichtigung zu Lagerbeständen (-)				
7. Geleistete Anzahlungen auf Vorräte				
F. BAUTÄTIGKEITEN FÜR DIE KOMMENDEN JAHRE				
G. TRANSITORISCHE AKTIVA und ANTIZIPATIVE ERTRÄGE		0,00		0,00
1. Transitorische Aktiva				
2. Antizipative Erträge				
H. SONSTIGES UMLAUFVERMÖGEN		0,00		0,00
1. Vorsteuerüberhang				
2. Vorsteuer				
3. Sonstige Mehrwertsteuer				
4. Vorausbezahlte Steuern und Fonds				
5. Anzahlungen für die Arbeitsausführung				
6. Anzahlungen an Persona				
7. Fehlende Bestände laut Inventur				
8. Sonstiges diverses Umlaufvermögen				
9. Wertberichtigung z. sonst. div. Umlaufvermögen (-)				
Summe des Umlaufvermögens		0,00		0,00

Muster GmbH
Bilanz zum 31.12.2013

	zum .... (in TL)		zum .... (in TL)	
II. ANLAGEVERMÖGEN				
A. FORDERUNGEN AUS LIEFERUNGEN UND LEISTUNGEN		0,00		0,00
1. Kunden				
2. Besitzwechsel				
3. Diskontierung von Besitzwechsel (-)				
4. Geleistete Kautionen und Garantien				
5. Wertberichtigung zu zweifelhaften Forderungen (-)				
B. SONSTIGE FORDERUNGEN		0,00		0,00
1. Forderungen an Gesellschafter				
2. Forderungen an Beteiligungen				
3. Forderungen an gebundene Beteiligungen				
4. Forderungen an Personal				
5. Sonstige diverse Forderungen				
6. Diskontierung von sonstigen Besitzwechseln (-)				
7. Wertberichtigung zu sonstigen Forderugen (-)				
C. FINANZANLAGEVERMÖGEN		0,00		0,00
1. Gebundene Wertpapiere				
2. Wertberichtigung zu gebundenen Wertpapieren (-)				
3. Beteiligungen				
4. Beteiligungsoptionen (-)				
5. Wertberichtigung zu Beteiligungen (-)				
6. Gebundene Beteiligungen				
7. Kapitalzeichnung an Tochtergesellschaften (-)				
8. Rückstellung für Wertverlust von Kapitalanteilen bei gebundenen Beteiligungen (-)				
9. Sonstiges Finanzanlagevermögen				
10. Wertberichtigung zu sonst. Finanzanlagevermögen (-)				
D. MATERIELLES ANLAGEVERMÖGEN		0,00		0,00
1. Grundstücke				
2. Tief- und Hochbauten				
3. Gebäude				
4. Maschinen und Anlagen				
5. Fuhrpark				
6. Betriebs- und Geschäftsausstattung				
7. Sonstiges materielles Anlagevermögen				
8. Wertberichtigung zu materiellem Anlagevermögen (-)				
9. Anlagen im Bau				
10. Geleistete Anzahlungen auf materielle Anlagen				
E. IMMATERIELLES ANLAGEVERMÖGEN		0,00		0,00
1. Diverse Rechte				
2. Firmenwert				
3. Ausgaben für Ingangsetzung und Gründung				
4. Ausgaben für Forschung und Entwicklung				
5. Ausgaben für Mietobjekte				
6. Sonstige immaterielle Anlagevermögen				
7. Wertberichtigung zu immateriellem AV (-)				
8. Geleistete Anzahlungen auf immaterielle Anlagen				
F. SPEZIELL ABNUTZBARES ANLAGEVERMÖGEN		0,00		0,00
1. Ausgaben für die Erschließungskosten				
2. Vorbereitungs- und Entwicklungsausgaben				
3. Sonstiges speziell abnutzbares Anlagevermögen				
4. Wertberichtigung zu sonstigem abnutzbaren AV (-)				
5. Geleistete Anzahlungen auf abnutzbares AV				
G. TRANSITORISCHE AKTIVA und ANTIZIPATIVE ERTRÄGE		0,00		0,00
1. Transitorische Aktiva				
2. Antizipative Erträge				
H. SONSTIGES ANLAGEVERMÖGEN		0,00		0,00
1. Vorsteuer für die kommenden Jahre				
2. Sonstige Mehrwertsteuer				
3. Vorräte für die kommenden Jahre				
4. Nicht benutzte zu verkaufenden Vorräte und materielle Anlagen				
5. Vorausbezahlte Steuern und Fondsabgaben				
6. Sonstiges diverses Anlagevermögen				
7. Rückstellung für Vorratsbewertungsdifferenz				
Summe des Anlagevermögens		0,00		0,00
SUMME DER AKTIVA		0,00		0,00

Muster GmbH
Bilanz zum 31.12.2013

	zum .... (in TL)		zum .... (in TL)	
PASSIVA				
I. KURZFRISTIGES FREMDKAPITAL				
A. FINANZVERBINDLICHKEITEN		0,00		0,00
1. Bankkredite				
2. Rückzahlungsraten v. Langfr. Darlehen inkl.Zinsen				
3. Rückzahlungsraten von Anleihen inklusiv Zinsen				
4. Emmitierte Anleihen				
5. Sonstige emmitierte Wertpapiere				
6. Disagio (-)				
7. Sonstige Finanzverbindlichkeiten				
B. VERBINDLICHKEITEN AUS LIEFERUNGEN und LEISTUNGEN		0,00		0,00
1. Lieferanten				
2. Schuldwechsel				
3. Diskontierung von Schuldwechseln (-)				
4. Erhaltene Kautionen und Garantien				
5. Sonstige Verbindlichkeiten aus L.u.L.				
C. SONSTIGE VERBINDLICHKEITEN		0,00		0,00
1. Verbindlichkeiten an Gesellschafter				
2. Verbindlichkeiten an Beteiligungen				
3. Verbindlichkeiten an gebundene Beteiligungen				
4. Verbindlichkeiten an Personal				
5. Diskontierung von sonstigen Verbindlichkeiten (-)				
6. Sonstige diverse Verbindlichkeiten				
D. ERHALTENE ANZAHLUNGEN		0,00		0,00
F. STEUERSCHULDEN UND SONSTIGE GESETZLICHE LASTEN		0,00		0,00
1. Verbindlichkeiten gegen das Finanzamt				
2. Soziale Abgaben				
3. Aufgeschobene Ratenzahl. v. Steuern u.sonst.Laster				
4. Sonstige gesetzliche Lasten				
G. RÜCKSTELLUNGEN		0,00		0,00
1. Rückstellungen f. Steuern u. andere gesetzliche Lasten				
2. Bezahlte Steuern (-)				
3. Rückstellung für Kündigungsentschädigungen				
4. Sonstige Rückstellungen				
H. TRANSITORISCHE PASSIVA und ANTIZIPATIVE AUFW.		0,00		0,00
1. Transitorische Passiva				
2. Antizipative Aufwendunger				
I. SONSTIGE KURZFRISTIGE VERBINDLICHKEITEN		0,00		0,00
1. Berechnete Mehrwertsteuer				
2. Sonstige Mehrwertsteuer				
3. Überschuß an Beständen laut Inventui				
4. Sonstige diverse Verbindlichkeiten				
Summe des kurzfristigen Fremdkapitals		0,00		0,00

Muster GmbH
Bilanz zum 31.12.2013

	zum .... (in TL)		zum .... (in TL)	
II. LANGFRISTIGES FREMDKAPITAL				
A. FINANZVERBINDLICHKEITEN		0,00		0,00
1. Bankkredite				
2. Emmitierte Anleihen				
3. Emmission von sonstigen Wertpapieren				
4. Disagio (-)				
5. Sonstige Finanzverbindlichkeiten				
B. LANGFRISTIGE VERBINDLICHKEITEN AUS LIEFERUNGEN UND LEISTUNGEN		0,00		0,00
1. Lieferanten				
2. Schuldwechsel				
3. Diskontierung von Schuldwechseln (-)				
4. Erhaltene Kautionen und Garantien				
5. Sonstige langfristige Verbindlichkeiten aus Lieferungen und Leistungen				
C. SONSTIGE VERBINDLICHKEITEN		0,00		0,00
1. Verbindlichkeiten an Gesellschafter				
2. Verbindlichkeiten an Beteiligungen				
3. Verbindlichkeiten an gebundene Beteiligungen				
4. Diskontierung von Schuldwechseln (-)				
5. Sonstige aufgesch. Ratenzahlungen an öffentl.Hanc				
6. Sonstige diverse Verbindlichkeiten				
D. ERHALTENE ANZAHLUNGEN				
E. RÜCKSTELLUNGEN		0,00		0,00
1. Rückstellung für Kündigungsentschädigung				
2. Sonstige Rückstellungen				
F.TRANSITORISCHE PASSIVA UND ANTIZIPATIVE AUFW.		0,00		0,00
1. Transitorische Passiva				
2. Antizipative Aufwendunger				
G. SONSTIGE LANGFRISTIGE VERBINDLICHKEITEN		0,00		0,00
1. Aufgeschobene oder erlassene Mehrwertsteuer				
2. Sonstige diverse Verbindlichkeiten				
Summe des langfristigen Fremdkapitals		0,00		0,00
III. EIGENKAPITAL				
A. EINGEZAHLTES KAPITAL		0,00		0,00
1. Kapital				
2. Ausstehende Einlagen zum Eigenkapital (-)				
B. KAPITALRÜCKLAGEN		0,00		0,00
1. Emmissionsagio				
2. Gewinne aus stornierten Aktien				
3. Neubewertungsrücklage für materielles AV				
4. Neubewertung der Beteiligungen				
5. Sonstige Rücklagen				
C. GEWINNRÜCKLAGEN		0,00		0,00
1. Gesetzliche Rücklagen				
2. Rücklagen laut Satzung				
3. Außerordentliche Rücklagen				
4. Sonstige Rücklagen zum Gewinn				
5. Spezielle Rücklagen				
D. GEWINNVORTRAG		0,00		0,00
E. VERLUSTVORTRAG(-)		0,00		
F. PERIODENERGEBNIS		0,00		0,00
Summe des Eigenkapitals		0,00		0,00
SUMME DER PASSIVA		0,00		0,00

0,00 0,00

8.2.2 GuV

Gewinn- und Verlustrechnung der Muster GmbH für die Periode 01.01.2013 - 31.12.2013

	GuV			
	.... (in TL)		.... (in TL)	
A. Bruttoerlöse		0,00		0,00
1. Inlandserlöse				
2. Auslandserlöse				
3. Sonstige Erlöse				
B. Preisnachlässe (-)		0,00		0,00
1. Rückerstattungen				
2. Skonto				
3. Sonstige Nachlässe				
C. Nettoerlöse		0,00		0,00
D. Wareneinsatz (-)		0,00		0,00
1. Wareneinsatz				
2. Handelswareneinsatz				
3. Einsatz von Dienstleistungen				
4. Sonstiger Einsatz				
Bruttoergebnis		0,00		0,00
E. Aufwendungen aus der betr. Tätigkeit (-)		0,00		0,00
1. Aufwand für Forschung und Entwicklung				
2. Aufwand für Verkauf und Vertrieb				
3. Aufwand für die Verwaltung				
Betriebsergebnis		0,00		0,00
F. Erlöse aus sonst. betr. Tätigkeit		0,00		0,00
1. Dividendenerträge aus Beteiligungen				
2. Dividendenerträge aus Konzern/Tochtergesell.				
3. Zinserträge				
4. Provisionserträge				
5. Erlöse aus Auflösung von Rückstellungen				
6. Erträge aus Wertpapierverkauf				
7. Erträge aus Kursdifferenzen				
8. Zinserträge aus Diskontierung				
9. Sonstige Erlöse				
G. Aufwendungen aus sonst. betr. Tätigkeiten (-)		0,00		0,00
1. Provisionsaufwendungen				
2. Aufwendungen aus Wertberichtigung d. Aktivc				
3. Aufwendungen aus Wertpapierverkauf				
4. Aufwendungen aus Kursdifferenzen				
5. Aufwendungen aus Diskontierung				
6. Sonstige Aufwendungen				
H. Finanzierungsaufwendungen (-)		0,00		0,00
1. Aufwendungen aus kurzfristiger Verschuldung				
2. Aufwendungen aus langfristiger Verschuldung				
Ordentlicher Gewinn oder Verlust		0,00		0,00
I. Außerordentliche Erträge		0,00		0,00
1. Gewinnvortrag aus Vorperioden				
2. Außerordentlicher Gewinn				
J. Außerordentliche Aufwendungen (-)		0,00		0,00
1. Aufwendungen für die betriebsfremde Tätigkeit				
2. Verlustfvortrag aus Vorperioden				
3. Sonstige Außerordentliche Aufwendungen				
Periodenergebnis (Brutto)		0,00		0,00
K. Rückstellungen f. Steuern u.a. gesetzliche Lasten (-)		0,00		0,00
Periodenergbnis (Netto)		0,00		0,00

8.3 Checkliste Distributorensuche

Autor: Sergey Frank

Anzahl der Distributoren pro Region/Land

Ein Distributor oder mehrere Distributoren?

- bei **einem** Distributor:
  - exklusiv oder nicht exklusiv?
  - Definition der Exklusivität
  - Mindestabnahmemengen, die Exklusivität definieren
- bei **mehreren** Distributoren:
  - regionale Abgrenzung
  - Produktabgrenzung
  - Abgrenzungskriterien

Koordination der Distributoren

- ein Hauptdistributor und Sub-Distributoren
- Gleichrangige Distributoren in einer Region/Land

Distributorenmanagement (durch Prinzipal)

- Problemfall Key Account aus Europa
- Problemfall persönliche Kontakte der Distributoren in der Region des anderen

Evaluierung von Distributoren

- Referenzen
- Produktportfolio
- Serviceportfolio (falls anwendbar)
- Schnittstellen zum Prinzipal (und ggf. zu anderen Distributoren)
- Schlüsselpersonen innerhalb der Organisation des Distributors
- Schnittstellen zwischen Schlüsselpersonen und Ansprechpartner im Hauptquartier

Workshop mit Distributoren

- Nachhaltigkeit von Distributoren
- einige Mechanismen zur Sicherstellung der operativen und strategischen Nachhaltigkeit des Distributors
- Schlüsselpersonen auf beiden Seiten definieren
- Arbeitsbeziehungen und -ebenen effektiv einsetzen

Stichwortverzeichnis